화장품이
궁금한
너에게

최지현 지음 · 이덕환 감수

화장품이 궁금한 너에게

10대부터 쌓는 건강한 화장품 지식

일러두기
이 책에 등장하는 화장품 성분명은 지은이의 뜻에 따라 대한화장품협회가 제공하는 '화장품 성분 사전'의 표기를 따랐습니다.

평생 도움이 될 건강한
화장품 지식

거리를 걷다 재잘거리며 걸어가는 한 무리의 청소년들과 마주 칩니다. 무엇이 그리 재미있는지 까르르 웃는 소리가 주변까지 환하게 만듭니다. 건강한 혈색, 넘치는 에너지가 느껴집니다. 세상에 젊음만큼 기분 좋고 아름다운 에너지가 또 있을까요? 젊음만큼 눈부시고 찬란한 에너지가 또 있을까요?

예전에는 저도 몰랐습니다. 젊다는 그 자체만으로도 충분히 아름답다는 사실을 말이지요. 저는 어서 빨리 어른이 되고 싶었습니다. 대학에 진학하자마자 가장 먼저 한 일은 화장품을 사는 것이었습니다. 니베아나 존슨즈 베이비 로션 같은 학생용 화장품이 아니라 티브이에서 광고하는 어른용 화장품을 바르면 왠지 더 예뻐질 것 같았습니다.

여성지에서 가르쳐 준 대로 '스킨(토너)', 로션, 크림을 샀습니다.

파운데이션도 사고 마스카라, 아이브로펜슬, 아이섀도, 립스틱도 샀습니다. 대학을 졸업하고 일을 하게 되면서부터 번 돈의 상당 부분을 화장품을 사는 데에 썼습니다. 30대에 접어들면서는 효과가 더 좋다는 '고급' 화장품에 눈독을 들였습니다. 클렌저, 클렌징 로션, 자외선 차단제, 미백 에센스, 항산화 에센스, 주름 개선 세럼, 각질 제거 로션, 수분 팩……. 사고 또 사도 피부에 대한 불만은 계속 생겼고 사고 싶은 화장품은 늘어만 갔습니다.

주위를 둘러보면 다들 그랬습니다. 모두들 외모를 가꾸고 젊음을 지키기 위해 화장품이 필요하다고 생각했습니다. 더 나은 제품을 찾으면 더 좋은 피부를 갖게 될 거라고 믿었습니다.

그러다 저는 의문을 갖기 시작했습니다. 좋다는 화장품이 이렇게 많은데 어째서 내 피부는 그대로일까? 왜 더 좋아지지 않는 걸까? 어쩌면 광고에서 보는 기적의 효과, 획기적인 변화는 애초에 불가능한 것이 아닐까? 화장품을 아무리 바꿔도 내 피부가 제자리라는 것은 좋은 화장품을 못 찾아서가 아니라 원래 화장품이 하는 역할이 딱 그 정도라서가 아닐까?

그때부터 열심히 화장품에 관한 자료를 찾고 공부를 시작했습니다. 당시는 지금처럼 인터넷에 검색만 하면 화장품 정보가 우수수 쏟아지던 시절이 아니었습니다. 어떤 성분이 들어 있는지조차 공개되지 않던 시절이었기에 찾을 수 있는 정보가 많지 않았습니다.

해외의 자료와 책을 찾아 읽으면서 새로운 사실에 하나둘 눈을 떴습니다. 에센스, 세럼, 로션, 크림 등은 그저 비슷한 제품을 제형만 달리한 것이라는 사실을 알게 되었습니다. 몇 가지를 겹겹이 바를 필요 없이 하나만 바르면 된다는 것도 알게 되었습니다. 화장을 지울 때 이중 세안을 하라는 말은 여러 제품을 쓰게 하려는 화장품 회사들의 상술일 뿐 실제로는 세안제 하나면 화장과 노폐물을 깨끗이 지울 수 있다는 것도 알게 되었습니다. 기적을 약속하는 화장품 광고는 모두 과장이고, 여성지에서 알려 주는 정보들은 대체로 제품 홍보의 연장선에 있다는 것도 알게 되었지요.

그렇게 조금씩 진실에 다가갔습니다. 그리고 마침내 해방되었습니다. 화장품에 대한 오랜 환상에서, '도자기 피부'에 대한 부질없는 욕망에서 벗어났습니다. 화장품이 피부에 어떤 역할을 해 주는지 정확히 알게 되었기에 딱 그만큼만 원하게 되었습니다. 화장품에 신경 쓰느라 들이는 시간, 화장품을 구입하는 데에 쓰는 돈도 획기적으로 줄었습니다. 한마디로 제 인생이 예전보다 훨씬 가볍고 자유로워졌습니다!

청소년 여러분은 이제 조금씩 화장품에 관심을 가지기 시작했을 것입니다. 그 관심은 성인이 되어 대학에 진학하거나 사회에 진출하면서 점점 커질 것입니다. 스스로 돈을 벌게 되면서부터는 화장품의 주 소비자가 될 것입니다. 자신뿐 아니라 친구, 연인, 가족을 위해서도 화장품을 고르게 될 것입니다. 우리의 화장품 소비는 죽을 때까지 계속됩니다. 화장품은 우리 삶에서 떼려야 뗄 수 없는 필수품이기 때문입니다.

그래서 첫 단추가 중요합니다. 화장품을 막 접하는 지금부터 건강한 인식을 정립해 두어야 합니다. 지나친 환상, 부질없는 기대를 버리고, 우리가 화장품에서 취할 수 있는 것이 무엇이고 한계는 무엇인지 정확히 알아야 합니다. 그러지 않으면 위 세대가 겪었던 수많은 시행착오를 똑같이 겪으며 많은 돈과 시간과 에너지를 낭비할지도 모릅니다.

아울러 화장품의 안전에 대해 의문을 제기하는 각종 정보들, 악성 루머와 괴담에 대해서도 알 필요가 있습니다. 화장품은 화학 산업이 만들어 내는 화학 제품입니다. 화학 물질 공포증, 이른바 '케모포비아'(chemophobia)가 커지면서 화장품 속 성분에 대한 공포도 커지고 있습니다. 이런 공포를 만들어 내는 정보들의 상당수가 화학 물질에 대한 잘못된 신념, 혹은 과학에 대한 무지에서 나오는 '불량 정보'입니다. 불량 정보가 왜, 누구에 의해 만들어지고 어떤 유형이 있는지 알게 되면 정보를 판단하는 눈이 생깁니다. 또 불량 정보를 가려내려 노력하다 보면 자연스럽게 합리적이고 과학적인 사고를 할 수 있게 됩니다.

요즘 똑똑한 소비자가 되어야 한다는 말을 많이 합니다. 많이 알수록 까다롭게 판단할 수 있다는 점에서 이 말은 옳습니다. 그런데 무조건 많이 안다고 해서 똑똑한 소비자가 될 수 있는 것은 아닙니다. 쏟아져 나오는 수많은 정보를 제대로 볼 줄 아는 눈이 필요합니다. 많은 정보를 그저 모으기만 하는 소비자가 아니라 정보를 분별하는 '현명한 소비자'가 되어야 합니다.

이 책에는 멋지게 꾸미는 데에 도움이 되는 상세한 정보나 메이크업 기술은 담겨 있지 않습니다. 그런 것은 인터넷에서 여러분 스스로 얼마든지 찾을 수 있을 겁니다. 그보다는 화장품에 대한 기초 지식과 기본 개념, 화장품을 바라보는 합리적 자세, 과학적 태도를 담아내기 위해 최선을 다했습니다.

화장품은 기본적으로 화학 물질로 구성되기에 이를 이해하려면 화학에 대한 올바른 지식이 필요합니다. 또한 화장품은 건강과 아름다움을 다루는 상품이기에 기업의 상술은 물론 이와 촘촘히 연결된 미디어, 연예인, 전문가와의 관계에 대해서도 파악해야 합니다.

무엇보다 화장품은 욕망의 대상입니다. 더 젊고 예뻐지고 싶은 인간의 욕망이 화장품 산업에 투영됩니다. 그래서 화장품을 들여다보게 되면 세상을, 그리고 인간을 좀 더 깊이 이해하는 데에도 도움이 됩니다. 어쩌면 나 자신을 이해하는 데에도 큰 도움이 될지 모릅니다.

지금부터 화장품을 제대로 알기 위한 긴 여정을 시작하겠습니다. 쉽고 재미있다가도 때로는 어렵고 심각한 여정이 되겠지만,

이 책을 읽은 후의 여러분은 상당히 달라져 있을 것입니다. 이 책과 함께 현명한 소비자가 되는 첫걸음이 시작되기를 바랍니다.

2019년 봄
화장품 비평가
최지현

차례

1부

화장품의
정체는
뭘까?

화장품 없이 살 수 있을까?

만약 화장품이 없다면 지금 우리의 삶은 어떠했을까요?

화장품이 없다고 살아가는 데에 큰 문제가 생기지는 않습니다. 피부에 아무것도 바르지 않는다고 해서 생명이 위험해지거나 당장 건강을 잃게 되는 것은 아닙니다. 하지만 삶의 질에는 엄청난 문제가 생길 겁니다. 젊음, 건강, 아름다움을 더 오랫동안 유지하는 데에 화장품의 역할이 크기 때문입니다.

화장품이 없으면 우리 피부는 혹독한 자연을 고스란히 견뎌야 합니다. 더위, 추위, 뜨거운 태양, 바람, 건조, 습기, 오염 등으로부터 피부를 보호하기 위해 화장품은 반드시 필요합니다. 특히 자외선은 주름과 기미뿐만 아니라 피부암을 일으키는 원인이기 때문에 자외선 차단제는 피부 건강을 유지하는 데에 필수입니다.

타고난 피부의 약점을 극복하기 위해서도 화장품은 필요합니다. 건조한 피부를 타고난 사람은 피부를 촉촉하게 유지하기 위해, 번들거리는 피부를 타고난 사람은 피지를 관리하기 위해 화장품이 필요합니다. 거친 피부를 보드랍게, 밋밋한 피부를 윤기 있게 만드는 데에도 화장품이 큰 역할을 해 줍니다. 또 청소년들은 아직 해당하지 않지만, 나이가 들면서 생기는 잡티, 잔주름 등을 완화하고 예방하기 위해서도 화장품이 필요합니다.

한 가지 더 있습니다. 멋을 내고 자신감을 갖기 위해서도 화장품은 필요합니다. 메이크업으로 잡티를 가리고 얼굴을 곱게 꾸미면 기분이 좋아지고 자신감도 커집니다. 물론 화장을 하지 않아도 우리 모두 충분히 멋질 수 있습니다. 그러나 화장을 통해 부족한 자신감을 채우고 즐거운 마음이 될 수도 있습니다.

고백하자면, 저도 화장품 없이는 살 수 없는 사람입니다. 제 피부는 여름이면 피지가 '폭발'하고 겨울이면 매우 건조해집니다. 피부가 얇은 편이어서 햇볕에 노출되면 쉽게 붉어지고 잡티가 올라옵니다. 그래서 피지를 효과적으로 제거해 주는 순한 세안제와 적절한 보습 제품, 자외선 차단제가 꼭 필요합니다. 사람을 만날 때는 좀 더 생기 있는 얼굴을 보여 주고 싶기에 '커버력'이 괜찮은 파운데이션을 바릅니다. 메이크업을 잘하고 나가면 자신감 덕분인지 일도 잘 풀립니다. 그래서 아이브로펜슬, 아이섀도, 아이래시컬러, 블러셔, 립스틱 등도 제가 좋아하는 색깔로 넉넉히 장만해 두었습니다.

저는 화장품이 매우 고마운 물건이라고 생각합니다. 그래서 화장품이 지금처럼 위생적인 환경에서 안전한 성분으로 제조되어, 예쁜 용기에 담겨 저렴한 가격에 팔리는 시대에 살고 있는 것을 큰 행운이라고 생각합니다. 화장품이 이렇게 산업 체계를 갖추고 다양한 종류로 대량 생산된 역사는 그리 길지 않기 때문입니다.

최초의 모이스처라이저(보습제)라고 말할 수 있는 바셀린이 탄생한 때는 약 150년 전인 1872년입니다. 그러나 바셀린은 석유 시추 과정에서 나온 왁스를 정제해서 만든 일종의 '천연 오일'이어서 엄밀한 의미에서 화장품은 아니었습니다. 정제수에 오일을 안정적으로 섞어 만든 최초의 화장품은 유세린(Eucerin)으로 1911년에야 개발을 마치고 판매가 시작되었습니다.

이후 1930년대에 들어와 유럽과 미국에서 합성 계면 활성제(surfactant, 물질의 표면에 달라붙어 세정, 유화, 거품 형성 등 다양한 기능을 하는 물질.)가 다양하게 개발되면서 세제, 샴푸, 세안제, 화장품 등의 산업이 태동하게 되었습니다. 상류층을 상대로 크림과 로션을 주문 제작하던 살롱 형태의 화장품 회사들이 1940년대 후반부터는 큰 공장을 만들고 대량 생산 시스템을 갖추기 시작했습니다.

우리나라는 일제 강점기와 한국 전쟁을 거치는 바람에 화장품의 산업화가 매우 늦었습니다. 1970년대까지만 해도 한국에서 화장품은 보기 드문 귀한 물건이었습니다. 종류도 많지 않았고 품질도 좋지 않았습니다. 1980년대부터 서서히 종류가 다양해졌고

1990년대에 들어오면서는 품질도 향상되었습니다.

2000년대부터는 한국이 세계 10위권의 경제 대국으로 발돋움하면서 화장품의 생산과 소비가 부쩍 늘었습니다. 새로운 기업들이 화장품 산업에 뛰어들었고 세계적인 수준의 화장품을 만들기 위한 연구 개발도 이어졌습니다. 또 인터넷 시대가 열리면서 소비자들은 마음에 드는 브랜드를 국경의 장벽 없이 온라인으로 직접 구매할 수 있게 되었습니다. 한편 '화장품 전 성분 표시제'가 실시되어 모든 성분이 공개되었고 소비자들은 직접 써 본 사용 후기를 공유하기 시작했지요.

2010년대로 들어서면서 한류 드라마, K-팝(K-pop, 한국 대중음악을 가리키는 말.)의 인기가 세계를 휩쓸자 한국산 화장품의 위상도 높아졌습니다. 2017년의 통계를 보면, 우리나라는 화장품 시장 규모 13조 원에, 한 해 5조 원 규모의 화장품을 수출하는 세계 8위의 화장품 선진국으로 발돋움했습니다.

우리가 지금처럼 로드 숍과 드러그스토어(화장품과 생활용품, 건강 보조 식품 등을 한데 모아 파는 소매점.)에서 다양한 브랜드를 접할 수 있는 것은 이런 긴 과정의 결과입니다. 화장품에 있어서 대한민국은 천국이나 다름없습니다. 지역 소도시에서도 세계 수준의 화장품을 손쉽게 살 수 있습니다. 저렴하고 실용적인 제품부터 비싸고 고급스러운 제품까지 가격과 종류도 다양합니다.

지구상에는 아직도 제대로 된 화장품 산업이 없는 나라가 수두

룩합니다. 가난, 전쟁, 지리적 특수성으로 인해 화장품을 접하지 못하는 사람도 많습니다. 물론 화장품은 사람이 죽고 사는 문제는 아닙니다. 하지만 화장품은 우리 피부를 더 건강하고 아름답게 지켜 주며 삶을 더 즐겁게 만들어 줍니다. 자존감을 높여 주고 때로는 인간으로서 존엄성을 지켜 주기도 합니다. 그런 물건을 편리하고 풍요롭게 누릴 수 있는 것은 축복입니다.

화장품에 대한 탐구를 시작하면서, 먼저 우리에게 당연한 듯 주어진 화장품이 사실은 얼마나 어려운 과정을 거쳐 여기까지 왔는지, 얼마나 소중하고 고마운 물건인지 생각해 보았으면 합니다.

화장품은 100% 화학 제품

화장품은 산업에서 어떤 분야에 속할까요? 통계청이 만든 '한국 표준 산업 분류'에 따르면 화장품은 '제조업'에 해당합니다. 제조업을 더 세분화하여 들어가면 화장품은 '화학 물질 및 화학 제품 제조업', 그중에서도 '기타 화학 제품 제조업'에 해당합니다. 화장품 외에 치약, 비누, 세제, 표면 광택제, 계면 활성제, 잉크, 페인트 등이 여기에 포함됩니다.

화장품이 피부의 건강과 아름다움을 다루는 산업이다 보니 사람들은 화장품이 '화학' 산업의 산물이라는 사실을 곧잘 잊곤 합니다. 미디어의 화장품 광고가 온통 순수, 자연, 천연, 휴식, 힐링, 아름다움 등의 감성적인 언어로 포장된 것도 여기에 한몫을 합니다. 물론 화장품은 즐거움과 만족을 준다는 면에서 감성과 관련이 있습니다. 하지만 그것을 제품으로 실현해 내는 기술은 100% 화학입니다.

이 말은 곧 그 안에 들어가는 모든 성분도 100% 화학이고, 그것을 제조하는 공정도 100% 화학이라는 뜻입니다. 화장품은 처음부터 끝까지 화학이 아닌 것이 없습니다. 애초에 사람들이 '계면 활성제'라는 특별한 화학 물질을 합성하지 않았다면 화장품 산업은 시작될 수 없었습니다. 계면 활성제는 액체의 표면 특성을 변화시켜서, 두 액체가 서로 섞이는 방식을 바꿔 주는 물질입니다. 물과 기름을 잘 섞이게 하는 유화제, 기름과 오염 물질을 깨끗이 씻어 주는 세정제, 소량의 기름을 물에 투명하게 녹여 내는 가용화제, 고체 입자를 녹여서 물에 균일하게 분산시키는 분산제, 거품을 만들어 내는 기포제, 거품을 제거하는 소포제가 모두 계면 활성제입니다.

폼 클렌저, 토너, 로션, 크림, 자외선 차단제 등 물과 기름이 섞여 있는 제품이라면 반드시 계면 활성제가 들어갑니다. 시중에 계면 활성제가 들어 있지 않다고 광고하는 제품들이 있는데 이런 제품들은 애초에 오일만으로 이루어져 계면 활성제를 넣을 필요가 없는 보습제이거나, 혹은 천연 성분에서 유래한 계면 활성제를 넣은 것입니다. 천연 성분에서 유래했다 해도 그 화학적 특성은 합성 계면 활성제와 다르지 않으므로 계면 활성제가 안 들어갔다고 말하는 것은 거짓입니다.

화장품에 필수적인 화학 성분으로 점증제(점도 증가제)도 빼놓을 수 없습니다. 화장품이 상품으로서 가치를 지니려면 점도가 사용하기에 알맞아야 하고 또 안정적으로 유지되어야 합니다. 투명한 점도를 만들어 주는 카보머라는 화학 원료가 없으면 수분 크림을 만들기 어렵고, 콩에서 추출한 탄수화물인 구아검이나 탄수화물을 발효시켜 생산한 잔탄검 등이 없으면 쫀쫀하면서도 부드러운 로션과 크림을 만들기 어렵습니다.

보존제는 특히 중요한 성분입니다. 보존제가 없으면 세균이 번식해 화장품이 변질되기 때문입니다. 화장품이 지금처럼 대량 생산되고 전 세계로 유통되는 거대 산업이 된 데에는 보존제의 힘이 컸습니다. 파라벤, 페녹시에탄올, 벤질알코올, 이미다졸리디닐우레아 등이 대표적인 보존제입니다.

이 밖에도 화학 산업의 꽃이라 할 수 있는 향과 색소, 다양한 항산화제와 항노화 성분이 있습니다. 이 성분들은 식품, 의료, 제약, 섬유 등의 산업에서 먼저 개발되어 다양한 기능을 인정받은 후 화장품 분야에도 쓰이게 되었습니다. 향과 색소는 피부에 미치는 영향을 최소화하면서 원료의 역한 냄새와 색을 가리고 좋은 색, 좋은 향기가 나게 합니다. 향과 색소가 없었다면 화장품이 지금처럼 대중적으로 사랑받는 상품이 될 수 없었을 겁니다.

물론 화장품에는 이른바 '천연 성분'도 사용됩니다. 그러나 천연 성분도 과학의 시각에서는 화학 성분입니다. 물은 화학 성분일까요, 천연 성분일까요? 사람들은 물을 자연에서 흔히 접하기 때문에 천연이라고 생각합니다. 하지만 과학자들이 물질을 보는 시각은 다릅니다. 과학자들에게 물은 산소 원자 1개에 수소 원자 2개가 결합하여 만들어진 화학 물질입니다. 화학명은 '다이하이드로겐옥사이드'(dihydrogen oxide), 일산화이수소이고 간단히 H_2O로 표기합니다. 물은 전해질 수용액을 만들고 가수 분해를 유도하는 등 다양한 화학 반응에 사용되는 중요한 화학 물질입니다.

비타민 C는 화학 성분일까요, 천연 성분일까요? 비타민 C는 과일과 채소에 존재하기에 천연 성분이라고 말할 수 있습니다. 그러나 한편으로는 과일과 채소가 성장하는 과정에서 합성해 내는 화학 물질이라고도 말할 수 있습니다. 또한 분자 구조를 똑같이 하여 합성할 수 있기 때문에 화학 물질이라고 말할 수 있습니다. 비타민 C도 화학명이 있습니다. '아스코르브산'(ascorbic acid), 'L-아스코르브산'(L-ascorbic acid), '디하이드로아스코르빈산'(dehydroascorbic acid) 등이 모두 비타민 C의 화학명입니다.

물질을 화학 성분과 천연 성분으로 분류하는 것은 본질적으로는 무의미합니다. 실제로는 세상의 모든 것이 화학 물질이기 때문입니다. 식물을 구성하는 모든 물질, 식물이 합성해 내는 모든 물질이 화학 물질입니다. 동물 역시 화학 물질로 구성된 거대한 유기체이며 체내에서 분비되는 모든 대사 물질이 화학 물질입니다. 인간도 마찬가지입니다. 세포를 구성하는 물질, 신경 신호를 전달하는 물질, 호르몬과 효소 등 모든 신진대사 물질이 화학 물질입니다.

지구에서 자연적으로 발생한 모든 것, 즉 하늘과 땅과 바다를 구성하는 모든 것은 원소의 결합과 합성을 통해 생성된 화학 물질입니다. 우리는 단지 여기에 친숙한 이름을 붙여 '자연'이라 부르는 것입니다. 우리가 흔히 생각하는 '화학'과 차이가 있다면 어떤 것은 자연에서 만들어진 것이고 어떤 것은 연구소의 실험실에서 만들어진다는 점이지요. 자연에서 만들든 연구소 실험실에서 만들든, 모두 화학 물질입니다. 특히 분자 구조가 같다면 성질도 효과도 독성도 모두 같습니다.

그런데 조금만 생각해 보면 자연이 스스로 만들어 낸 것의 상당수도 사실 인간이 만든 것입니다. 지금 우리가 먹는 사과, 바나나, 옥수수, 양배추, 당근 등은 모두 인간이 만든 개량종입니다. 나무와 꽃도 마찬가지입니다. 심지어 소, 닭, 돼지 등 식량으로 활용되는 가축조차도 과거에는 없던 종입니다. 적은 사료로 더 빨리 더 크게 키우기 위해 인위적으로 교배시켜 개량한 것입니다.

태초의 야생 식물은 대부분 독성이 강하고 맛이 끔찍할 정도로 쓰고 이로 씹을 수 없을 정도로 질겼습니다. 인류는 그중에서 그나마 먹을 수 있는 것들을 추려 농사를 시작했습니다. 그때부터 좀 더 크고 부드럽고 맛있는 작물을 얻기 위해 끊임없이 교배를 해 왔습니다. 잡초를 키워 옥수수를 만들었고 씨 없는 돌연변이 열매를 키워서 바나나를 만들었습니다.

야생 겨자라는, 노란 꽃을 피우는 원시 식물이 있습니다. 무척 쓰고 질기고 독성이 많지만 그나마 먹을 만한 열매가 맺혀서 사람들이 작물로 키우기 시작했습니다. 수많은 노력 끝에 야생 겨자의 꽃과 줄기 부분을 개량하여 브로콜리를 만들어 냈고, 꽃송이를 개량하여 콜리플라워를 만들어 냈습니다. 곁눈은 양배추가 되었고 끝눈은 미니 양배추가 되었습니다. 잎을 크게 키워 낸 것이 케일이고 줄기를 키워 낸 것이 콜라비입니다. 이 과정에서 얼마나 많은 새로운 유전자가 탄생하고 새로운 화학 물질이 합성되었는지는 계산할 수도 없습니다. 이렇게 우리가 자연이라고 생각하는 것 중 많은 것은 사실 인간이 만든 것입니다. 지금의 자연은 인간의 끊임없는 도전과 노력으로 변형해 낸 것입니다.

사람들은 '자연'이라는 말을 들으면 잘 정돈된 푸른 산과 들, 작물이 잘 자란 논밭을 떠올립니다. 하지만 사실 이것은 인간이 통제하여 만들어 낸 자연입니다. 진짜 자연은 온갖 잡초와 벌레, 식물, 동물이 생존 경쟁을 벌이는 무자비한 곳이기도 하지요. 자연은 대체로 인간에게 친절하지 않습니다. 오히려 혹독하고 척박하고 예측 불가하고 위험합니다. 그래서 인간은 자연으로부터 스스로를 보호하기 위해 집을 만들고 농사를 짓고 도시를 건설했습니다. 자연에서 모든 물자를 얻기 어렵기에 화학 산업을 키워 옷감을 대량 생산하고 비누, 세제, 약 등을 만들어 위생을 개선하고 질병을 막았습니다. 화장품도 만들어 더 젊고 아름다운 피부를 오래 누릴 수 있게 되었습니다.

화장품을 올바로 이해하기 위해서 우리는 먼저 화학 물질에 대한 편견부터 버려야 합니다. 화장품은 화학에서 탄생한 산업이며 화학 물질 없이는 만들어질 수 없습니다. 그리고 세상의 모든 물질은 화학 물질입니다. 화장품이 100% 화학 제품이라는 사실을 이해하는 것은 화장품 탐구의 좋은 출발점이 될 것입니다.

#3

화장품의 역할은 어디까지일까?

화장품은 정확히 무엇을 할 수 있을까요?

화장품의 법적인 정의는 "인체를 청결·미화하여 매력을 더하고 용모를 밝게 변화시키거나 피부·모발의 건강을 유지 또는 증진하기 위해 인체에 사용되는 물품"입니다. 좋은 설명이긴 하지만 좀 딱딱하고 어렵습니다. 화장품의 역할을 정확히 알려면 좀 더 쉬운 설명이 필요합니다.

저는 화장품을 "물과 기름에 피부 건강과 용모 개선에 도움이 되는 여러 가지 성분들을 배합하여 섞어 놓은 물건"이라고 정의하고 싶습니다. 물과 기름은 화장품의 기본 성분입니다. 그런데 물과 기름은 서로 섞이지 않으려는 성질이 있습니다. 이 둘을 섞어 주는 화학 물질이 바로 '유화제'입니다. 그래서 유화제도 화장품의 기본 성분입니다.

물, 기름, 유화제에 세정 성분을 섞으면 폼 클렌저, 샴푸, 혹은 바디 클렌저가 되고,

물, 기름, 유화제에 보습 성분을 섞으면 모이스처라이저가 됩니다.

모이스처라이저에 미백 성분을 섞으면 미백 제품이 되고,

모이스처라이저에 주름 개선 성분을 넣으면 주름 개선 제품이,

모이스처라이저에 자외선 차단 성분을 넣으면 선크림, 즉 자외선 차단제가 됩니다.

계속해 볼까요?

모이스처라이저에 세정 성분을 조금 넣거나 유화제의 양을 늘리면 클렌징 로션·크림이 되고,

모이스처라이저에 기름의 양을 늘리면 마사지 크림이 되고,

모이스처라이저에 각질이 제거되는 성분을 섞으면 각질 제거 로션이 되고,

모이스처라이저에 피부색을 내는 착색제를 넣으면 파운데이션이 되고,

모이스처라이저를 부직포나 천에 흠뻑 적시면 얼굴 위에 덮는 마스크 팩이 됩니다.

여기에 화장품이 상하지 않도록 보존제를 넣고, 좋은 색이 나도록 색소를 넣고, 좋은 향기가 나도록 향료를 넣습니다. 점도를 묽거나 진하게 만들기 위해 점도 조절제를 넣고 피부에 바르기 적합

하도록 pH 조절제(산성, 중성, 알칼리성을 조절하는 물질.)도 넣습니다. 화장품의 종류는 엄청나게 많지만, 사실 화학적으로는 큰 차이가 없습니다. 핵심 성분 몇 가지만 다를 뿐, 화장품의 구성은 거의 비슷합니다.

이제 화장품의 정체가 무엇인지 감이 잡힐 겁니다. 굉장히 복잡해 보이지만 단 몇 가지로 정리할 수 있습니다.

1. 청결을 유지하도록 돕는다. (폼 클렌저, 샴푸, 바디 클렌저)
2. 유수분을 보충하여 피부 상태를 편안하게 만들어 준다. (모이스처라이저)
3. 환경으로부터 피부를 보호한다. (모이스처라이저, 자외선 차단제)
4. 용모를 개선하는 데에 약간의 혹은 일시적인 도움을 준다. (모이스처라이저, 각질 제거제, 미백·주름 개선 기능성 화장품, 메이크업 제품)

좀 맥이 빠지지만, 화장품의 효과는 정말 이것이 전부입니다. 우리는 화장품 광고에서 수많은 핑크빛 약속을 접합니다. 예를 들면 모공이 작아진다거나 노화의 흔적이 사라진다거나 2주 만에 잡티가 없어진다는 표현을 흔히 볼 수 있습니다. '피부에 휴식을 준다' '자연의 생명력을 선사한다' '발효 에너지를 불어넣는다' 등의 감성을 자극하는 표현도 많이 등장합니다. 솔깃하지만, 사실이 아닙니다.

화장품은 물과 기름에,
피부에 이로운 물질을 섞어 놓은 것입니다.

화장품은 물과 기름에, 피부에 이로운 물질을 섞어 놓은 것입니다. 우리의 피부를 보호하고 편안하게 유지되도록 도울 수는 있지만 휴식을 주거나 생명력, 에너지를 주지는 못합니다. 화장품에 그런 에너지는 들어 있지 않습니다.

화장품에 과장 광고의 여지가 많기 때문에 정부 기관인 식품의약품안전처는 '화장품 표시·광고 관리 가이드라인'을 만들어 감독하고 있습니다. 이에 따르면 화장품 회사들은 광고를 할 때 마치 의학적 효능이 있는 것처럼 들리는 표현을 쓸 수 없습니다. 항균, 항염, 해독, 항알레르기, 살균, 소독, 여드름 예방·완화·치료 등의 표현은 화장품 광고에 쓸 수 없습니다. '피부의 독소를 제거한다' '피부의 손상을 회복시킨다' '여드름의 흔적을 없애 준다' '세포의 성장을 촉진한다' 등의 표현도 화장품의 역할 범위를 벗어나기에 금지되어 있습니다. '얼굴의 윤곽을 개선한다' 'V 라인으로 만들어 준다' '얼굴이 작아진다' 등의 표현도 마찬가지입니다.

하지만 아무리 규제해도 화장품 회사들은 새로운 표현을 만들어 이를 교묘히 빠져나갑니다. 기업의 목적은 이윤 추구이므로 최대한 소비자를 유혹하려는 것은 비난할 일이 아닙니다. 하지만 가끔은 도가 지나쳐서 환상을 불어넣거나, 반대로 불안과 공포를 일으키는 경우도 있습니다. 이런 엉터리 정보에 '낚이지' 않기 위해 우리는 화장품의 역할과 한계를 제대로 알아야 합니다.

이 분야에서는 누가 일하고 있을까?

화장품의 목적과 정체를 파악했으니 이제 사람 이야기를 해 볼까 합니다. 화장품 분야에는 어떤 조직, 어떤 사람이 있을까요? 그들은 각각 어떤 일을 할까요?

우선 화장품 회사가 있습니다. 식품의약품안전처에 따르면 2012년 829개였던 화장품 제조 판매 업체 수는 2017년 1만 1,834개로 늘었습니다. 5년 사이 10배 이상 불어난 것입니다. 화장품 회사가 이렇게 폭발적으로 늘어난 데에는 이유가 있습니다. 1990년대까지만 해도 화장품 회사를 차리려면 사무실도 있어야 하고 공장도 세워야 하고 매장도 따로 열어야 하는 등 진입 장벽이 높았습니다. 하지만 2000년대부터 전문 공장을 이용한 위탁 생산이 활발해지고 온라인 매장, 편집 숍, 드러그스토어 등으로 유통 경로가 다양해졌습니다. 그래서 사무실 하나만 있으면 적은 인원으로도 화장품 회사를 차릴 수 있게 되었습니다.

화장품 회사는 기본적으로 화장품을 만드는 곳이지만 그 안에는 다양한 업무 분야가 있습니다. 우선 핵심 부서라 할 수 있는 연구 개발 부서가 있습니다. 화학을 전공한 사람들이 새로운 제품을 연구하고 개발하는 부서입니다. 화장품에 어떤 원료를 사용할지, 성분 구성을 어떻게 할지부터 신기술, 신원료 등을 개발하는 일까지 모두 여기에서 이루어집니다.

마케팅 부서는 브랜드의 홍보 전략을 짜는 곳입니다. 제품의 이름, 디자인 등을 결정하고 티브이 광고를 만들고 에스엔에스(SNS), 언론, 잡지 등을 활용한 홍보를 진행합니다. 대중에게 제품을 최대한 많이 알리고 좋은 브랜드 이미지를 만드는 것이 이들의 목표입니다.

생산 업무도 중요합니다. 우리나라 화장품 공장의 수준은 세계적입니다. 원료의 선별 및 분석에서부터 배합, 포장, 검수, 물류에 이르기까지, 국제 규격에 맞는 첨단 자동화 설비를 갖추고 있습니다. 생산직 직원들은 원료와 제조 공정은 물론 설비와 원가 절감 방식에 대해서까지 많은 지식을 갖추어야 합니다.

영업 업무도 빼놓을 수 없습니다. 영업은 시장에서 판매를 직접적으로 촉진하기 위한 모든 활동을 뜻합니다. 판매 사원 교육, 매장 관리, 매출 관리, 할인 및 특가 전략, 특별 상품 등의 기획이 모두 영업에 해당합니다. 드러그스토어처럼 수많은 브랜드의 제품을 판매하는 매장에서는 각 브랜드별 영업 사원들 간에 경쟁이 치열합니다. 각자 자신이 맡은 브랜드가 가장 좋은 위치에 진열되도록 최선을 다합니다.

다음으로는 화장품을 판매하는 유통 기업들을 떠올릴 수 있습니다. 올리브영, 랄라블라, 롭스 등의 드러그스토어는 화장품과 건강 용품만 전문으로 유통합니다. 그 외에 대형 할인 매장, 편의점, 백화점, 홈쇼핑 등도 화장품을 유통합니다. 이 수많은 유통 기업이 고용하는 판매원들도 화장품 분야에서 빼놓을 수 없습니다. 판매원에는 매장 판매원, 방문 판매원 등 여러 형태가 있습니다.

한편, 화장품과 매우 긴밀한 관계를 맺고 있는 분야가 또 하나 있습니다. 바로 여성 잡지, 패션 잡지, '뷰티 뉴스'를 다루는 신문사 등입니다. 이곳에서 일하는 이른바 뷰티 뉴스 담당자들은 신상품, 트렌드, 피부 관리 및 메이크업 노하우 등에 관한 기사를 주로 쓰면서 화장품 산업에 엄청난 영향력을 미칩니다. 이들은 소비자에게 도움이 되는 정보를 제공하지만, 때로는 화장품 회사의 주장을 충분한 검증 없이 기사에 싣기도 합니다. 특히 패션지는 광고가 주요 수입원이기 때문에 주요 광고주인 화장품 회사들의 요구를 거절하기 어렵습니다. 패션지에 광고인지 정보인지 헷갈리는 기사들이 많은 이유입니다. 패션지는 곧이곧대로 읽기보다 한 발짝 떨어져서 볼 필요가 있습니다.

연예인도 반드시 언급되어야 합니다. 연예인들은 아름다운 외모와 인기를 바탕으로 특정 브랜드를 광고하는 모델로 활약합니다. 흔히 연예인의 영향력이 큰 사회일수록 외모에 더 민감하고 아름다움에 대한 갈망이 크다고 합니다. 실제로 어떤 연예인을 모델로 쓰느냐에 따라 브랜드 인지도와 판매율이 달라집니다. 최근 20여 년 사이 청소년의 화장품 소비가 폭발적으로 증가한 데에는 아이돌을 모델로 쓴 브랜드가 늘어난 것이 한 가지 이유로 꼽힙니다. 또 중국에서 한류 화장품이 대대적으로 성공을 거둔 것은 중국인이 좋아하는 한국 연예인을 광고에 쓴 효과가 큽니다. 광고 전략가들은 화장품 소비를 늘리기 위해 누구를 상대로 어떤 모델을 써야 할지 끊임없이 연구합니다.

화장품 분야에서 활약하는 또 다른 사람들로 '화장품 전문가'들이 있습니다. 피부 관리법, 화장법, 화장품 성분 등을 소재로 글을 쓰거나 강의를 하는 사람들입니다. 메이크업 아티스트, 피부 관리사, 피부과 의사, 화장품 화학자, 전직 뷰티 전문 기자, 전직 화장품 회사 직원 등 다양한 직업과 이력을 가진 사람들이 화장품 전문가로 활약하고 있습니다. 과거에는 주로 티브이와 신문, 패션지에서 활약했으나 요즘은 블로그, 페이스북, 유튜브 등으로 활동 영역이 넓어졌습니다. 전문가들은 지식과 경험을 바탕으로 소비자들의 궁금증에 다양한 답을 줍니다. 하지만 때로는 검증되지 않은 정보로 혼란을 주기도 합니다. 화장품을 올바로 이해하기 위해서는 전문가의 정보도 검증해서 보아야 하는 시대가 되었습니다.

환경 단체, 소비자 단체도 화장품 분야에서 빼놓을 수 없습니다. 이들은 화장품이 환경과 건강에 미치는 영향을 주의 깊게 모니터링합니다. 화장품 사용으로 인한 쓰레기 증가, 수질 변화를 비롯해 화장품이 해양 생태계에 미치는 영향을 조사하거나 시중의 화장품을 수거하여 중금속, 환경 호르몬 등 유해 물질의 잔류량을 조사합니다. 이들 단체는 화장품의 무분별한 소비를 견제하고 화장품 회사들에게 더 높은 수준의 안전 의식을 요구한다는 점에서 꼭 필요한 존재입니다. 하지만 때로는 위험을 지나치게 과장하여 대중을 불안하게 만들고 기업과 정부에 대한 불신을 키우는 면이 있습니다. 그래서 이들 단체의 주장도 검증하여 균형을 잡을 필요가 있습니다.

마지막으로 식품의약품안전처, 즉 식약처를 빼놓을 수 없습니다. 식약처는 우리나라 식품·의약품의 안전을 다루는 중앙 행정 기관입니다. 화장품 외에도 가공 식품, 건강 기능 식품, 의약품, 의약 외품, 의료 기기, 마약류 등을 총감독합니다.

식약처는 화장품에 관한 모든 법적 제도, 즉 '화장품법'과 시행령, 시행 규칙, 각종 규정, 시험법, 가이드라인을 만듭니다. 금지 성분, 배합 한도, 검출 한도 등을 밝힌 '화장품 안전 기준 등에 관한 규정' '미생물, 색소 등의 기준 및 시험 방법' '기능성 화장품 심사에 관한 규정' '화장품 전 성분 표시 지침' '화장품 원료 규격 가이드라인' '화장품 표시·광고 관리 가이드라인' 등이 모두 식약처가 만든 것입니다.

식약처는 이렇게 만든 법과 규정, 가이드라인을 화장품 회사들이 잘 지키는지도 감시합니다. 수시로 시중의 화장품을 수거하여 품질, 안전 기준, 포장, 표시 사항 등이 적합한지 검사합니다. 안전 기준을 어긴 업체에는 광고 중지, 판매 중지, 벌금, 회수, 폐기 등의 행정 명령을 내릴 수 있습니다.

화장품은 단순히 개인의 피부 건강 차원만이 아니라 국민 보건 차원의 문제이기에 식약처는 무엇보다도 안전을 최우선으로 합니다. 안전 기준을 정할 때 국내의 권위 있는 과학자들에게 자문하고 검토를 맡기며 해외의 관련 논문도 참조합니다. 미국, 유럽 연합, 일본 등 수많은 국가 및 기구의 화장품 감독 기관과 서로 돕습니다. 식약처의 금지 성분, 배합 한도, 검출 한도 등은 과학자들의 엄격한 위해 평가를 거쳐 최대한 보수적으로 만들어집니다. 우리가 지금처럼 편의점, 슈퍼마켓, 할인 마트, 드러그스토어 등에서 안전한 화장품을 마음껏 누릴 수 있는 데에는 식약처의 감독이 큰 역할을 하고 있습니다.

화장품을 제대로 만들기 위해서는 이렇게 많은 조직과 사람의 힘이 필요합니다. 이들은 때로는 충돌을 빚기도 하고, 때로는 서로 협력하고 교류합니다. 화장품 산업은 견제를 통해 균형을 잡으며 발전하고 있습니다.

가격은 어떻게 결정될까?

　한동안 화장품 시장에 '미투'(me too)가 유행한 적이 있습니다. 여기서 말하는 '미투'는 가장 잘나가는 1위 제품을 모방해서 똑같이 만드는 이른바 '카피캣'(copycat) 제품을 뜻합니다. 에스티로더의 '갈색 병' 에센스를 모방한 미샤의 '보라색 병', 그리고 SK-Ⅱ의 '피테라 에센스'를 모방한 미샤의 이른바 '짭테라' 에센스가 대표적인 미투 제품입니다. 이들 제품이 나왔을 당시에 타사의 인기 제품을 대놓고 베끼는 것이 옳은가에 대해 많은 논쟁이 있었습니다. 남의 것을 베껴서 그 인기에 무임승차하는 것은 비도덕적이라는 시각도 있었지만, 한편으로는 더 저렴한 가격에 비슷한 제품을 만드는 것은 소비자에게 도움이 된다는 시각도 있었습니다.

　미투 제품을 만들어 내는 것이 옳은가 그른가에 대해서는 긴 토론이 필요할 테니, 여기서는 두 제품의 가격 차이에 대해서만 이야기해 보려 합니다. 미샤가 만든 미투 제품은 원조와 비교해 보면 성분이 비슷했고 효과도 비슷했습니다. 그러나 50ml에 '갈색 병'은 10만 원대였고 '보라색 병'은 4만 원대였습니다. 또한 같은 150ml에 피테라 에센스는 17만 원대였지만 미투 제품은 4만 원대였습니다. 성분도 효과도 비슷하다면, 도대체 이 심한 가격 차이는 어디서 오는 걸까요?

화장품의 가격을 결정하는 데에는 여러 가지 요소가 작용합니다. 우선 제품을 기획하고 연구하는 데에 들이는 개발비가 있습니다. 그다음으로 원료비가 있습니다. 어떤 원료를 쓰느냐, 비싼 원료를 얼마나 넣느냐에 따라 원가가 달라집니다. 여기에 디자인과 패키지 비용, 홍보와 광고 비용, 유통과 보관에 들어가는 관리 비용이 추가됩니다.

원조 제품과 미투 제품의 원료비가 똑같다고 가정하면, 둘 사이의 가격 차이는 결국 개발비와 홍보비, 광고 및 유통 비용에서 발생했다고 볼 수 있습니다. 제조 비용은 똑같지만 톱스타를 모델로 써서 티브이 광고를 하고 패션지나 일간지에도 지면 광고를 많이 하면 비용이 올라가게 됩니다. 또 드러그스토어나 로드 숍, 인터넷 쇼핑몰이 아니라 백화점, 면세점에서 판매하면 그만큼 유통 비용이 증가하기 때문에 가격에 영향을 줄 수밖에 없습니다.

일대일 세일즈 방식인 방문 판매 역시 가격을 상승시킵니다. 방문 판매는 판매를 할 때마다 판매원에게 상당한 수수료가 돌아갑니다. 그래서 '방판' 브랜드는 대체로 가격이 높습니다.

특별한 이유가 없는데도 고급스럽게 보이기 위해 일부러 고가 정책을 쓰는 브랜드도 있습니다. 고가일수록 더 효과가 좋다고 생각하는 사람들이 있기 때문입니다. 명품 가방을 들듯이 화장품도 명품 화장품을 쓰고 싶어 하는 심리를 이용한 것입니다. 실제로 성분은 평범한데 가격이 고가여서 히트를 친 제품이 꽤 있습니다. 200만 원이 넘는 크림, 300만 원이나 하는 에센스가 그래서 계속 팔립니다.

이처럼 화장품의 가격이 어떻게 결정되는지 그 구조를 이해하면 어떤 브랜드의 가격이 가장 합리적인지 구분할 수 있는 눈이 생깁니다. 소비자로서 우리는 되도록 좋은 원료를 아끼지 않으면서 과대광고나 과대 포장을 하지 않는 합리적 브랜드를 고르는 것이 이익입니다. 백화점과 면세점 브랜드, 방문 판매 브랜드는 좋은 원료, 고함량, 높은 품질, 판매원의 친절한 설명, 훌륭한 애프터서비스, 좋은 브랜드를 쓴다는 자부심 등을 보장합니다. 그러나 가격의 상당 부분을 화장품 고유의 효과가 아니라 광고비와 홍보비, 판매 수수료, 높은 브랜드 인지도를 위해 치러야 합니다.

물론 성분상의 차이가 약간은 있습니다. 로드 숍의 '저렴이' 상품들은 원료에서 비용을 아끼기 때문에 고기능을 기대하기는 어렵습니다. 성분이 평범하거나 좋은 성분의 함량이 적을 수 있기 때문입니다. 그러나 화장품으로서의 안전성과 기본적인 효과를 얻는 데에는 아무런 문제가 없습니다. 오히려 광고, 홍보, 유통 등에 들어가는 비용이 적어서 무의미하게 치러야 하는 비용이 줄어듭니다.

나이를 더 먹은 뒤 항산화, 항노화 등의 고기능을 원하게 된다면 어떤 브랜드가 좋을까요? 이때도 당연히 좋은 원료를 아끼지 않고 쓰면서 광고, 홍보, 유통 등에 큰돈을 들이지 않는 중가 브랜드가 좋습니다. 드러그스토어에서 유통되는 브랜드, 대기업이 만든 중가 브랜드, 혹은 오프라인 매장 없이 온라인에서만 유통되는 소규모 브랜드 등이 여기에 해당됩니다. 이런 브랜드들은 품질은 백화점 브랜드와 비슷하면서 가격은 3분의 1, 4분의 1, 10분의 1밖에 하지 않습니다.

좋은 화장품을 고르는 기준에 대해 말할 때, 저는 자신의 경제 능력에 맞는 화장품이 가장 좋은 화장품이라는 말을 종종 합니다. 더 좋은 피부를 갖고 싶은 마음에 형편에 맞지 않는 고가의 화장품을 구입하는 것은 참으로 부질없습니다. 투자한 만큼 피부가 엄청나게 좋아지는 것이 아니며 결국 그 돈을 더 필요한 곳에 쓰지 않은 것을 후회하게 됩니다.

좋은 화장품은 어느 가격대에나 있습니다. 비싼 것만이 정답은 아닙니다.

2부

메이크업
제품,
똑똑하게
쓰기

우리가 색조 화장을 하는 이유

　2017년의 한 통계를 보면 약 10조 원에 이르는 한국 화장품 제조 실적 중에서 색조 제품은 2조 원을 차지했습니다. 글로벌 시장 조사 기관인 유로모니터에 따르면 최근 5년 동안 한국의 색조 화장품 시장은 연평균 8.5%씩 성장했다고 합니다. 같은 기간 기초 화장품은 4.4%씩 성장했다고 하니 거의 두 배에 가까운 성장률입니다.

　색조 화장품 시장이 이렇게 무서운 속도로 커지는 것은 우리나라만의 현상이 아닙니다. 또 다른 글로벌 시장 조사 기관인 민텔에 따르면 2018년 세계 색조 화장품 시장의 규모는 480억 달러(약 53조 원)에 이른다고 합니다. 미국과 일본이 지속적으로 성장을 주도하고, 최근에는 중국이 무려 5조 원 규모로 빠르게 성장하며 시장 규모를 더욱 키우고 있습니다.

　이 수치는 색조 화장품을 하는 인구의 증가와 관계가 있습니다. 미국, 일본, 한국 등 화장품 산업이 발달한 나라들에서는 이미 2000년대 중반부터 18세 이상 여성의 75~90%가 화장을 하는 것으로 나타납니다. 칸타월드패널이라는 소비자 조사 회사에 의하면 2017년에 화장하는 중국 여성의 인구는 42%에 이른다고 합니다. 한국의 13~17세 여자 청소년들의 색조 화장 이용률도 약 75%에 이릅니다. 또 화장하는 남성들도 계속 증가하고 있습니다.

이처럼 화장하는 인구가 지역, 성별, 나이를 막론하고 늘어나는 것을 보면 메이크업이 인류 보편의 정서와 관련이 있다는 생각이 듭니다. 더 아름다워 보이기 위해 자신을 꾸미는 행위, 얼굴에 색을 더해 윤곽을 살리고 눈매와 입매를 더 매력적으로 만드는 행위에는 단순히 허영으로만 여길 수 없는 인간의 본질적 욕구가 담긴 것 아닐까요?

실제로 색조 화장의 역사는 상당히 멀리까지 거슬러 올라갑니다. 고대 이집트인들은 색이 나는 돌 등으로 염료를 만들어 아이라이너, 아이섀도를 즐겨 그렸습니다. 고대 수메르(메소포타미아 문명의 발원지. 지금의 이라크 지방.)인들은 5,000년 전에 인류 최초로 립스틱을 만들어 썼다고 합니다. 당시 사용된 재료는 주로 광물이나 해조류에서 얻은 붉은 염료, 생선 비늘이나 조개류에서 얻은 반짝이, 그리고 요오드, 브롬, 구리, 납 등의 색을 띠는 원소였습니다. 무분별한 사용으로 피부가 상하는 등 심한 부작용을 낳기도 했지만 그럼에도 꾸미려는 욕구를 막지 못했습니다.

서양에서 색조 화장품이 본격적으로 산업화한 것은 1910년대부터입니다. 사진기의 등장, 거울의 보급, 그리고 영화 산업의 발달이 색조 제품에 대한 대중의 수요를 이끌어 냈습니다. 맥스 팩터, 메이블린, 레블론 등 지금도 유명한 메이크업 브랜드들이 1910~1930년 사이에 탄생했습니다. 이들이 내놓은 마스카라, 아이라이너, 네일 폴리시(흔히 '매니큐어'라고 부르는, 손톱 위에 칠하는 액체), 립스틱이 큰 성공을 거두었습니다. 이후로 색조 산업이 더욱 발달하면서 파운데이션, 아이섀도, 블러셔 등이 속속 등장하고 수많은 브랜드가 탄생했습니다. 메이크업 산업이 시작된 지 불과 30여 년 만에 립스틱과 아이라이너가 없는 세상은 상상조차 할 수 없게 되었습니다.

　　이처럼 메이크업은 역사도 길고 뿌리도 깊습니다. 화장품이라는 개념이 생기기 훨씬 이전부터 인류는 주변의 재료를 활용하여 스스로를 더 아름답게 꾸미는 데 몰두했습니다. 이것은 자기만족을 위한 행위이기도 하고 이성에게 매력을 어필하려는 행위이기도 하고 사교를 위한 행위이기도 했습니다. 한편으로는 오락이자 취미이고 또 자아 발견과 행복 추구를 위한 행위이기도 했습니다.

　　어떤 과학자들은 우리가 아름다움을 찾고 그것을 추구하도록 '프로그램'되어 있다고 말합니다. 2004년 영국 엑서터 대학의 발달 심리학 연구에 따르면 이런 본능은 갓 태어난 아기들을 통해서도 볼 수 있습니다. 이 대학의 연구 팀은 매우 아름다운 여성의 사진과 평범한 여성의 사진을 한 장씩 묶어 짝을 지었습니다. 태어난 지 1~7일밖에 되지 않은 아기 100명에게 두 장의 사진을 동시에 보여 주었을 때, 매우 아름다운 여성의 사진을 쳐다본 시간이 평범한 여성을 쳐다본 시간보다 4배나 길었습니다. 갓 태어난 아기조차도 예쁜 얼굴을 더 오래 쳐다본다는 것은 인간이 아름다움을 찾고 알아보는 '센서'를 가지고 태어난다고 해석할 수 있습니다.

인간은 아름다움을 좋아합니다. 아름다운 풍경, 그림, 물건도 좋아하지만 그중에서도 아름다운 사람을 좋아합니다. 아름다운 사람을 보는 것을 좋아하는 만큼 거울 속 내 모습이 아름답기를 바랍니다. 그래서 우리는 화장을 합니다.

저는 화장이 일종의 '건강한 자아상'을 만드는 행위라고 생각합니다. 동물과 달리 인간에게는 '자아'라는 것이 있습니다. 자아는 반드시 이미지를 필요로 합니다. 우리가 타인을 그 사람의 얼굴과 몸으로 인식하듯이 나의 자아를 인식하는 데에도 내 얼굴과 몸이 있어야 하지요.

거울에 비치는 나의 이미지, 그것이 바로 나입니다. 거울 속의 내 이미지를 확인함으로써 존재감을 느끼고 내가 어떤 사람인지를 인식합니다. 혹시 요즘 여러분이 거울 앞에서 보내는 시간이 많다면 자아상을 열심히 확립해 나가는 중이기 때문일 것입니다. 자신의 이미지를 만들고 받아들이는 시기이기 때문에 자꾸 거울을 들여다보고 싶어집니다.

저는 화장이 일종의
'건강한 자아상'을 만드는 행위라고
생각합니다.

화장은 거울 속의 자아상을 더 좋게 수정하려는 욕구라고도 할 수 있습니다. 우리는 거울을 볼 때마다 되도록 최상의 나를 보고 싶습니다. 헝클어진 머리, 생기 없는 피부, 흐릿한 이목구비보다는 잘 빗질된 풍성한 머리에 혈색이 도는 피부, 또렷한 이목구비를 보고 싶습니다. 거울 속 내 모습이 최상의 상태일 때 자아도 최상의 상태가 됩니다. 그래서 우리는 있는 그대로의 내 모습보다는, 화장으로 결점을 수정해 더 매력적으로 만들어진 모습을 나의 자아상으로 삼으려고 합니다.

　자기 모습을 스스로 사진 찍을 때를 떠올리면 이를 잘 알 수 있습니다. 최상의 한 컷이 나올 때까지 포즈를 바꿔 가며 계속 사진을 찍은 경험이 다들 있을 겁니다. 마음에 들지 않으면 곧바로 지워 버립니다. 잘 나온 사진도 애플리케이션을 사용해서 더 화사하고 예쁘게 보정을 합니다. 그렇게 해서 최고의 컷을 얻으면 바로 그 사진 속의 내가 진짜 내 모습이라고 믿습니다.

　엄밀히 말하면 이것은 부분적으로 '페이크'(fake), 즉 가짜입니다. 하지만 그렇다고 꼭 내가 아닌 것도 아닙니다. 우리 모두 자신의 머릿속에 이렇게 보정된 사진처럼 적절히 수정된 자아상을 갖고 있습니다. 더 아름답고 매력적인 모습을 자아상으로 삼는 것이 심리적으로 훨씬 건강하기 때문입니다. 그래야 자신감을 갖고 사람을 만나고 일을 하고 연애도 할 수 있습니다.

　그래서 저는 화장을 단순히 예뻐 보이려는 허영이나 욕망으로 해석하는 시각에 반대합니다. 화장은 자아를 돌보는 행위입니다. 늘 흔들리며 불안정한 자아에 안심과 안정을 주어 자아를 견고히 만드는 작업입니다.

더 나아가 화장은 자아를 발전시키고 새로운 나를 발견하는 강력한 도구가 될 수 있습니다. 화장을 통해 새로운 이미지로 변신하면 자신감이 생겨 자신의 경계를 뛰어넘을 수 있기 때문입니다. 예를 들어 대인 관계에 소극적이었던 사람이 적극적이 될 수 있고, 무대 공포증이 있던 사람이 무대에 올라 멋진 퍼포먼스를 펼칠 수도 있습니다. 마치 연극 분장을 하는 것처럼 우리는 화장을 통해 딴 사람이 될 수 있고 평소에 하지 못했던 대담하고 용감한 행동을 할 수도 있습니다. 그럼으로써 새로운 나를 발견하고 더욱 성장할 수 있습니다.

그러므로 저는 화장에 대한 청소년들의 관심을 지지합니다. 청소년기는 분주히 자신의 이미지를 탐구하고 자아상을 만들어 가는 시기입니다. 화장을 통해 변신하는 것이 얼마나 신기하고 재미있을지 저의 경험을 떠올려 보아도 충분히 짐작할 수 있습니다.

그러니 자유롭게 자신의 이미지를 탐구하세요. 눈썹을 반달처럼 부드럽게도 그려 보고 갈매기 날개처럼 각이 지게도 그려 보세요. 입술을 분홍색으로도 발라 보고 주황색으로도 발라 보세요. 내 피부에 어떤 색이 더 잘 어울리는지, 어떤 메이크업이 더욱더 '내가 되고 싶은 나'를 만들어 주는지, 거울 앞에서 열심히 관찰하고 다양하게 시도하세요.

  물론 좋은 자아상을 만드는 데에 화장이 꼭 필요한 것은 아닙니다. 자아상에는 화장이나 외모 외에도 수많은 것이 영향을 줍니다. 좋은 성적을 내는 것, 춤, 노래, 미술, 운동 등을 잘해서 주변 사람들로부터 인정을 받는 것 등등 무엇이든 목표를 정해서 성취하면 자신감이 생기고 그것이 자아상에 좋은 영향을 줍니다. 원만한 대인 관계, 나를 좋아해 주는 많은 친구, 가족의 사랑, 깊은 우정도 자아상에 좋은 영향을 줍니다.

  화장을 하든 안 하든 모두들 자신의 아름다움을 발견하고 건강한 자아상을 가질 수 있기 바랍니다.

메이크업 성분은 독하다?

청소년의 화장이 일상이 되었지만 이에 부정적인 사람은 여전히 많습니다. 그 다양한 이유 중에는 메이크업 성분이 독하다는 것이 있습니다. 성인은 괜찮지만 청소년의 피부는 약해서 독한 메이크업 성분을 바르면 점점 나빠질 거라고 염려합니다.

그런데 이런 염려는 안 해도 됩니다. 메이크업 제품 속에 들어가는 성분은 독하지 않습니다. 메이크업 제품과 기초 제품을 비교해 보면 물, 기름, 유화제의 기초 구성 성분에는 차이가 없습니다. 다만 메이크업 제품에는 액체, 로션, 크림 형태 이외에도 왁스, 가루, 케이크, 고체 등 더 다양한 제형이 있고, 피부에 색을 입히면서 더 자연스럽고 화사하게 만들기 위해 여러 성분을 더 넣는다는 차이가 있습니다.

하나씩 짚어 보겠습니다. 색소를 차곡차곡 쌓아 피부에 골고루 입히는 필러(filler) 성분, 성분의 결합을 돕고 피부에 착 달라붙게 만드는 바인더(binder) 성분, 커버력을 높이는 불투명화제(opacifying agent), 고체입자의 응집을 방지하는 안티케이킹제(anti-caking agent), 매끄럽게 발라지게 하는 슬립제(slip agent), 메이크업을 오래 고정시키는 피막 형성제(film former) 등이 이러한 성분입니다.

이 성분들은 모두 매우 순합니다. 게다가 요즘은 기초 제품에도 약간의 화장 효과를 주기 위해 이런 성분을 넣는 경우가 허다합니다. 특히 고가의 안티에이징 제품에 이런 성분을 많이 넣습니다. 주름을 메워서 얼굴이 일시적으로 더 팽팽해 보이게 하고 피부를 더 매끄럽게 만들어 주기 때문입니다. 그러니 기초와 메이크업 제품 사이에 엄청난 성분 차이가 있는 것이 아니며, 메이크업 성분이 유난히 더 독하다고 말할 수는 없습니다.

색조 화장에 대한 우려는 특히 착색제, 즉 색소에서 나옵니다. 색소 성분이 생리적으로 다양한 효과를 내는 것은 사실이지만, 화장품 성분으로서 색소가 위험하다는 우려는 다소 지나칩니다. 색소는 식약처에서 철저히 관리하기 때문입니다. 식약처는 안전한 색소 사용을 위해 '화장품의 색소 종류와 기준 및 시험 방법'을 고시(告示·행정 기관에서 국민들에게 어떤 내용을 알리는 것.)했고 화장품 회사들은 이를 지켜 화장품을 만듭니다.

이에 따르면 화장품의 색소는 안전성에 따라 총 7개의 범주로 나뉩니다. 첫째 모든 제품에 사용할 수 있는 색소, 둘째 눈 주위 및 입술에 사용할 수 없는 색소, 셋째 눈 주위에 사용할 수 없는 색소, 넷째 영유아용 제품에 사용할 수 없는 색소, 다섯째 점막에 사용할 수 없는 색소, 여섯째 바로 씻어 내는 제품 및 염모용 제품에만 사용할 수 있는 색소, 일곱째 염모용 제품에만 사용할 수 있는 색소입니다. 색소별로 함량 기준도 정해져 있습니다. 무제한으로 넣을 수 있는 색소도 있지만 6%, 3%, 2%, 0.01% 등 사용 한도가 정해져 있는 색소도 많습니다.

이렇게 사용 부위와 한도를 구분해 놓은 이유는 안전을 지키기 위해서입니다. 색소 중에는 많이 쓸 경우 피부에 자극이 있는 것도 있고, 바르는 건 괜찮지만 눈에 들어가거나 먹어서는 안 되는 것도 있습니다. 그래서 과학자들이 관련 자료를 검토하여 안전한 용도와 한도를 설정한 것입니다. 이것은 건강한 성인은 물론 어린이, 노인, 허약자까지 고려하여 몇 단계 더욱 낮춰 엄격하게 만들어진 기준입니다. 물론 색소에 알레르기가 있는 사람은 아주 적은 양에도 반응이 나타날 수 있으므로 조심하는 것이 좋습니다. 하지만 이런 사람은 극히 드뭅니다.

화장품 회사들은 '화장품법'의 '화장품 안전 기준 등에 관한 규정'에 의해 안전에 관한 모든 기준을 지켜야 하고 이로 인한 모든 사고에 책임을 져야 합니다. 사용 한도를 초과한 것이 적발되면 식약처의 행정 처분을 받아야 합니다. 그래서 색소에 대한 기준을 철저하게 지키고 있습니다.

무엇보다도 화장품 회사들은 이 기준을 어길 필요가 없습니다. 색소의 특성상 아주 적은 양으로도 진한 색을 낼 수 있기 때문입니다. 보통은 정해진 사용 한도보다 훨씬 적은 양을 첨가합니다. 따라서 색소 때문에 메이크업 제품이 피부에 나쁘다는 말은 그저 편견일 뿐입니다.

일부 전문가들은 색소가 안전 규정에 맞게 첨가되더라도 화장을 짙게 하거나 아주 많은 양을 바르면 위험할 수 있다고 조언합니다. 하지만 식약처의 안전 규정은 사용량이 아주 많은 사람까지 고려하여 만들어집니다. 예를 들어 직업 때문에 짙은 화장을 자주 해야 하는 연예인, 모델, 연극배우, 보디 페인팅 예술가 등은 일반인보다 색소 노출량이 수배 많을 것입니다. 식약처는 이런 직업군의 노출량까지 모두 고려해 사용 한도를 최대한 낮춰서 설정합니다.

물론 여러분에게 짙은 화장을 권장하는 것은 아닙니다. 다만 화장품을 쓰면서 너무 걱정에 사로잡힐 필요는 없다는 점을 강조하고 싶습니다. 화장품 속 색소는 엷은 화장부터 짙은 화장까지, 화장을 적게 하는 사람부터 아주 많이 하는 사람까지 모든 범위의 사람이 마음 놓고 쓸 수 있도록 엄격한 규정 아래 쓰이고 있습니다.

오히려 우리가 조심해야 할 것은 색소가 아니라 '위생'입니다. 색조 제품은 기초 제품보다 오염과 변질이 더 잘 일어납니다. 메이크업 도구가 피부에 닿았다가 다시 제품에 닿는 일이 반복되기 때문입니다. 특히 마스카라와 아이라이너는 솔이 눈꺼풀, 속눈썹 등에 닿았다가 다시 제품 속으로 들어갑니다. 립글로스, 립 틴트 등도 붓이나 팁이 입술에 닿았다가 다시 제품 속으로 들어갑니다. 이 과정에서 피부에 서식하는 미생물이 제품 속으로 옮겨 가 번식할 가능성이 높아집니다. 메이크업 제품은 먹을 수도 있고 결막 안으로 들어갈 수도 있기 때문에 보관과 관리에 더 철저해야 합니다.

메이크업으로 인한 위험이 한 가지 더 있습니다. 지나친 피부 접촉, 마찰로 인한 물리적 자극입니다. 잘 그려지지 않는 펜슬로 아이라이너를 그리는 것, 거친 붓으로 아이섀도를 바르는 것, 잘못 그린 것을 수정하기 위해 티슈로 심하게 문지르는 것, 아이라이너와 마스카라를 지우려고 패드나 면봉으로 피부를 강하게 쓸어내는 것 등 자극을 주는 행동이 쌓이면 피부가 약해지고 붉어지고 탄력이 떨어질 수 있습니다.

피부의 가장 큰 적은 자극입니다. 화장품도 순해야겠지만 얼굴을 만지고 피부를 대하는 우리의 방식도 순해야 합니다. 피부를 만질 때 심하게 문지르고 당기는 행위를 삼가는 것이 좋습니다. 기초 제품을 바를 때뿐만 아니라 메이크업을 할 때에도 최대한 부드럽고 순하게 피부를 대해야 합니다. 화장품 회사들은 식약처가 정한 규정을 지켜서 안전한 제품을 만들고 우리는 안전한 사용법을 지켜서 현명하게 소비해야 합니다.

다른 듯 비슷한 제품들, 성분과 원리

메이크업 제품에는 정말 다양한 종류가 있습니다. 예전에는 파운데이션과 페이스 파우더, 팩트, 블러셔, 아이섀도, 아이라이너, 마스카라, 립스틱 정도가 전부였습니다. 그런데 지금은 비비 크림, 쿠션, 컨실러, 코렉터, 프라이머 등의 카테고리가 새로 생겼고 하이라이터, 브론저 등 더 전문적인 표현을 위한 제품들도 대중화되었습니다. 이 많은 제품은 각각 어떻게 만들어질까요? 성분은 무엇이고 용도와 사용법은 어떻게 다를까요?

우선 얼굴 전체에 색을 입히는 바탕 화장용 제품부터 짚어 보겠습니다. 비비 크림, 파운데이션, 쿠션, 페이스 파우더, 팩트 등이 있는데 이들은 성분과 기능에 큰 차이가 없습니다. 뚜렷하게 용도가 구분되는 것이 아니므로 각자 필요와 취향에 따라 선택할 수 있습니다.

예를 들어 비비 크림과 파운데이션의 차이는 색소의 구성과 질감의 차이입니다. 파운데이션은 피부 결점을 가리고 최대한 화사하게 만드는 것이 목적입니다. 비비 크림은 민낯처럼 자연스러우면서 뽀얀 피부로 만드는 것이 목적입니다. 그래서 파운데이션에는 붉은색을 내는 색소인 '적색산화철'이 많이 들어가고 비비 크림에는 피부의 붉은 기를 가리기 위한 '흑색산화철'이 많이 들어갑니다. 또 파운데이션에는 커버력을 높이기 위한 불투명화제가 많이 들어가고 비비 크림에는 매끈한 '발림성'을 위한 유연화제가 많이 들어갑니다. 화장을 한 것처럼 하는가, 안 한 것처럼 하는가의 차이가 있을 뿐 두 제품은 성분 구성이 같습니다.

그럼 파운데이션과 쿠션의 차이는 무엇일까요? 이 둘 사이에 차이는 전혀 없습니다. 똑같은 제품을 파운데이션은 병에 담아 놓은 것이고 쿠션은 발포 우레탄 폼 속에 흡수시켜 담아 놓은 것입니다. 쿠션의 가장 큰 장점은 가지고 다니기 편리하다는 것입니다. 액체 파운데이션을 휴대하기 어려웠기 때문에 쿠션이 개발되기 전까지는 대부분 팩트를 갖고 다녔습니다. 쿠션 덕분에 지금은 선택의 폭이 넓어졌습니다.

파운데이션과 팩트의 차이는 무엇일까요? 눈에 보이는 차이는 파운데이션은 로션이나 크림 형태이고 팩트는 고체 케이크 형태라는 것입니다. 그래서 파운데이션에는 들어 있지만 팩트에는 없는 것이 있습니다. 바로 '물'입니다.

파운데이션은 물과 기름을 혼합한 모이스처라이저에 커버력을 부여하는 필러 성분, 불투명화제, 색소 등을 넣어서 만듭니다. 팩트에도 필러 성분, 불투명화제, 색소 등이 들어가는 것은 똑같지만, 물이 없으며 약간의 기름이 베이스가 됩니다. 두 제품 모두 피부 표면에 색소를 차곡차곡 쌓고 붙여서 결점을 가리고 피부 톤을 바꿔 줍니다. 하지만 결과에 차이가 있습니다. 파운데이션은 물과 기름이 많아 더 촉촉해 보이고 윤기가 나지만 팩트는 보송보송해 보입니다. 각자 취향에 따라 촉촉한 피부 표현을 원한다면 파운데이션을, 보송보송한 피부 표현을 원한다면 팩트를 선택하면 됩니다.

그렇다면 팩트와 페이스 파우더의 차이는 무엇일까요? 차이가 없습니다. 팩트는 가루를 단단하게 뭉쳐서 굳혀 놓은 것이고 페이스 파우더는 가루 그대로 놓아둔 것일 뿐입니다. 그래서 예전에는 팩트를 '프레스드(pressed, 압착된) 파우더'라고 불렀고 페이스 파우더를 '루스(loose, 헐거운) 파우더'라고 불렀습니다. 1980~90년대에는 보송보송한 피부를 선호해서 페이스 파우더의 수요가 많았는데 요즘은 워낙 촉촉한 피부 표현을 선호하고 가루 날림을 싫어하기 때문에 인기가 시들고 있습니다.

프라이머와 코렉터, 컨실러도 궁금할 겁니다. 프라이머는 파운데이션을 바르기 전에 피부 표면을 매끈한 상태로 만들기 위해 바르는 제품입니다. 피부를 반들반들하게 만드는 것이 목적이기 때문에 물 없이 실리콘 오일과 탄화수소 왁스류를 베이스로 합니다. 여기에 모공과 주름을 채워 피부를 매끈하게 만드는 폴리머(polymer, 고분자 화합물) 성분이 많이 들어갑니다. 그리고 이렇게 매끈해진 표면이 그대로 유지되도록 돕는 피막 형성제도 들어가지요.

코렉터는 프라이머에 색소를 조금 첨가한 것입니다. 모공과 주름을 감추고 분홍, 노랑, 초록 등의 색으로 피부 톤을 보정하는 기능을 겸합니다. '컬러 코렉터' '컬러 코렉팅 프라이머' 등 여러 가지 이름으로 불립니다.

프라이머와 코렉터는 꼭 써야 하는 것은 아닙니다. 이 두 제품을 쓰면 피부 표현이 더 잘된다고 말하는 사람들이 있지만, 사실 큰 차이는 없습니다. 특히 프라이머는 모공이 넓은 사람이나 주름이 많은 중년층을 위한 것이기 때문에 청소년에게는 별로 필요치 않습니다. 모공도 작고 주름도 없는 사람이라면 파운데이션이나 팩트만으로도 충분합니다.

컨실러 역시 꼭 써야만 하는 제품은 아닙니다. 컨실러는 파운데이션을 바른 다음에도 눈에 띄는 기미, 주근깨, 점, 여드름 흉터 등을 가리는 용도의 제품입니다. 그래서 주로 진한 왁스 베이스에 커버력을 높이기 위한 많은 양의 불투명화제와 착색제가 들어갑니다. 무대에 오른다거나 사진 촬영이 있을 때에는 필요할 수 있으나 일상생활에서는 파운데이션만으로 충분합니다.

바탕 화장 관련 제품을 모두 설명했으니 이제 눈 화장 제품을 살펴보겠습니다. 아이섀도, 아이라이너, 마스카라, 아이브로펜슬

이 있습니다. 이것들은 어떤 성분으로 만들어질까요? 아이섀도의 성분은 앞서 설명한 팩트와 똑같습니다. 다만 들어가는 색소의 색이 다를 뿐입니다. 팩트에는 피부색을 표현하기 위한 산화철이 들어가고 아이섀도에는 산화철과 함께 황색, 적색, 흑색 등 오묘한 색을 내기 위한 여러 색소가 들어갑니다. 빛을 반사하는 반짝이 성분도 들어가는데 주로 광물질인 마이카(mica), 운모와 알루미늄 가루, 아주 고운 폴리머 가루가 사용됩니다.

좋은 아이섀도는 팩트와 마찬가지로 피부에 자연스럽게 색을 입히면서 시간이 지나도 뭉치지 않고 주름 사이에 끼어 들어가지 않아야 합니다. 그래서 가루를 아주 곱고 부드럽게 만들어서 피부에 잘 달라붙게 하는 것이 핵심입니다.

아이라이너의 주성분은 무엇일까요? 아이라이너의 까만색을 내는 색소는 주로 카본블랙과 흑색산화철입니다. 화장품 회사들은 여기에 파란색, 초록색, 붉은색 색소를 조금씩 첨가해서 더 오묘한 색을 냅니다. 또 아이라이너가 잘 마르도록 도와주는 피막 형성제도 넣습니다.

아이라이너에도 액체, 젤, 크림, 펜슬 등 다양한 형태가 있는데 이들은 정제수와 오일, 왁스의 비율에서 차이가 있습니다. 액체 타입에는 정제수와 오일이 혼합돼 있지만 젤과 크림은 정제수를 빼고 오일, 왁스의 비율을 늘립니다. 펜슬 타입에는 약간의 왁스만 들어갑니다. 그 결과 장단점이 생깁니다. 액체 타입은 매끄럽게 그려져서 피부 자극이 적지만 원하는 대로 그리기가 쉽지 않고 말리는 데에 시간이 많이 걸립니다. 펜슬 타입은 그릴 때 눈꺼풀 피부를 누르고 당기게 되어 다소 자극을 줍니다. 하지만 원하는 라인을 그리기 쉽고 빠르게 마릅니다. 젤과 크림은 그릴 때 자극은 없지만 왁스의 비중이 높아서 잘 뭉개지고 쉽게 지워집니다.

아이브로펜슬은 무엇이 다를까요? 이것은 펜슬형 아이라이너를 좀 더 단단하게 만든 것이라 할 수 있습니다. 눈썹 사이사이를 자연스럽게 채우는 것이 목표이기에 색상이 너무 짙지 않고, 가는 선이 매끄럽게 그려지도록 만듭니다. 약간의 오일과 왁스에 필러 성분, 흑색산화철, 황색산화철, 적색산화철을 적당한 비율로 섞고, 점도와 결합력을 높이고 매끄럽게 잘 그려지게 하는 성분을 추가합니다.

마스카라는 어떻게 만들어질까요? 사실 마스카라는 액체 아이라이너와 성분이 똑같습니다. 물과 왁스에 피막 형성제, 카본블랙, 흑색산화철이 들어갑니다. 점도가 다르고 사용하는 부위와 솔이 다를 뿐입니다.

뺨을 예쁜 색으로 물들이는 블러셔는 아이섀도와 성분이 같습니다. 다만 뺨에 어울리는 색상을 낸다는 점이 다릅니다. 간혹 블러셔를 아이섀도로 사용하는 사람들이 있는데, 좋은 아이디어이지만 100% 괜찮다고 말할 수는 없습니다. 아이섀도와 블러셔에 사용할 수 있는 색소의 기준이 각각 다르기 때문입니다. 아이섀도에는 '눈 주위에 사용할 수 없는 색소'가 절대 들어가서는 안 됩니다. 반면에 블러셔는 뺨에 사용하기 때문에 이런 제약이 없습니다. 대부분의 화장품 회사들은 아이섀도와 블러셔를 같은 기준으로 만들고 있습니다. 하지만 만에 하나의 가능성을 생각해 되도록 블러셔는 뺨에만 사용하는 것이 좋습니다.

마지막으로 립 제품으로는 립스틱, 립글로스, 립틴트 등 다양한 종류가 있습니다. 이 제품들 역시 오일과 왁스의 비율에 차이가 있을 뿐 주요 성분은 똑같습니다. 립 제품의 핵심은 색과 함께 얇은 유막을 씌워 입술이 메마르지 않도록 보호하는 것입니다. 윤기 있고 촉촉하고 매끄럽게 보여야 하므로 실리콘 오일류와 탄화수소 왁스류가 기본 베이스가 됩니다. 색소는 식용으로도 사용이 가능한 것만 사용됩니다. 립스틱은 색이 불투명하게 입술을 뒤덮어야 하기 때문에 불투명화제인 티타늄디옥사이드, 알루미나 등이 단골로 사용됩니다. 그리고 약간의 반짝거림을 위해 마이카도 사용됩니다. 립글로스는 립스틱과 달리 투명한 질감을 내야 하기에 점도 증가제, 유연제를 많이 넣습니다.

립틴트는 어떤 원리일까요? 립스틱이 오일과 왁스 제형인데 반해 립틴트는 정제수와 오일, 그리고 여러 유연화제가 혼합된 액체 혹은 젤 제형입니다. 붓이나 스펀지 팁으로 입술에 바르면 수분이 증발하면서 색소가 입술에 착색되는 원리입니다. 입술을 얇게 코팅하여 잘 지워지지 않게 도와주는 피막 형성제도 들어갑니다. 왁스 성분이 적기 때문에 촉촉함은 없지만 오래 지속된다는 장점이 있습니다. 또한 입술이 광택 없이 매트(matte)하게 표현되어 색다른 느낌을 줍니다.

흔히 '립틴트'에는 더 강력한 색소가 들어 있어서 부작용 위험이 높다고 말합니다. 하지만 틴트에 들어가는 색소는 립스틱과 립글로스에 들어가는 색소와 다르지 않으며 함량도 비슷합니다. 다만 틴트는 액체가 빠르게 증발하면서 색소가 각질층에 좀 더 깊게 스며드는 것일 뿐입니다. 틴트의 부작용이 많은 이유는 입술을 촉촉하게 보호해 줄 오일과 왁스가 거의 없어서 입술이 잘 트기 때문입니다. 입술이 트면 갈라진 틈으로 색소가 침투하여 잘 지워지지 않는 경우도 많습니다. 따라서 틴트를 바른 후에는 립밤이나 바셀린을 살짝 덧발라 입술을 보호해 줄 필요가 있습니다. 또한 사용 후에는 메이크업 리무버로 잘 지우고 립밤을 꼭 발라서 입술의 건조를 막아야 합니다.

이렇게 해서 메이크업 제품의 성분과 원리를 모두 살펴보았습니다. 사물의 원리와 작용 방식을 알게 되는 것은 언제나 즐거운 일입니다. 우리 피부에 이토록 가깝게 쓰이고 있다는 점에서 생소한 화학 성분에 조금은 친숙함을 느꼈으리라 생각합니다.

립스틱을 먹어도 괜찮을까?

메이크업 제품의 안전에 대해 이야기할 때 가장 많이 거론되는 것이 립스틱입니다. 립스틱은 많은 여성에게 거의 필수품입니다. 요즘은 남자들도 립밤이나 색이 옅은 립글로스를 꽤 많이 바릅니다. 그런데 립스틱은 말을 하거나 음식을 먹으면서 같이 먹게 됩니다. 립스틱에 다양한 화학 성분이 들어 있을 텐데 매일 먹으며 평생을 살아도 괜찮을까요?

한때 이 문제에 대해 선정적인 보도들이 있었습니다. "여성들이 평생 수킬로그램의 립스틱을 먹는다."라는 식의 보도인데 그 수치는 4.5kg부터 3kg, 7kg까지 다양했습니다. 하지만 어느 기관에서 조사한 것인지 출처가 불분명해서 신뢰성이 떨어졌습니다.

일단 사람들이 립스틱을 얼마나 사용하는지에 대해서는 두 가지 조사가 가장 신뢰할 만합니다. 2013년 미국 국립보건원은 "여성은 하루 24~80mg의 립스틱을 바른다."라고 보고했습니다. 또 유럽 연합의 소비자안전과학위원회는 "여성들의 하루 평균 립스틱 사용량은 60mg"이라고 했습니다. 이를 바탕으로 평생 바르는 립스틱의 양을 역추적해 볼 수 있습니다.

우리 통계청 자료에 의하면 2018년 한국 여자의 평균 수명은 85.4세입니다. 립스틱을 16세부터 사용하기 시작해서 죽는 날까지 매일 바른다고 가정할 때 립스틱을 바르는 기간은 총 69.4년입니다. 미국 통계대로 매일 24~80mg을 바른다면 평생 바르는 립스틱의 양은 608~2,026g이란 계산이 나옵니다. 유럽 연합 통계대로 매일 60mg을 바른다면 약 1,520g이 나옵니다. 따라서 거칠게 추정했을 때 평생 바르는 립스틱 양의 최대치는 1.5~2kg입니다.

그런데 저는 이 수치가 그리 와 닿지 않습니다. 립스틱 1개의 중량은 보통 3g입니다. 1.5~2kg은 개수로 따지면 500~666개의 분량입니다. 저는 한 해에 립스틱을 3~4개 정도 사기 때문에 평생 산다 해도 300개를 못 살 것 같습니다. 많이 사는 사람이라면 매년 10개도 넘게 살 테지만 그 많은 립스틱을 다 바르는 것은 아닐 겁니다. 색상이 탐이 나서 구매는 많이 해도 다 쓰지 않고 버리는 경우가 많기 때문입니다.

또한 바르는 모든 양이 입으로 들어가는 것도 아닙니다. 립스틱은 먹는 것도 있지만 컵에 묻어나는 것도 있고 손으로 만져서 지워지는 것도 있고, 또 세안으로 지우는 것도 있습니다. 따라서 실제로 여성들이 평생 먹는 립스틱의 양은 앞의 수치보다 훨씬 적을 것입니다. 저처럼 매년 3~4개 정도 구입하는 사람이라면 기껏해야 500g쯤 먹을 것이라고 생각합니다.

생각보다 적은 양이지만 그래도 걱정이 되는 것은 사실입니다. 앞서 설명했던 것처럼 립스틱에는 실리콘 오일류, 탄화수소 왁스류가 많이 들어가고 광물질인 티타늄디옥사이드와 알루미나, 그리고 여러 가지 색소가 들어갑니다. 더 걱정스러운 것은 립스틱의 성분을 분석하면 납, 카드뮴, 크롬, 구리, 니켈 등의 중금속이 미량 검출됩니다. 이런 중금속은 화장품 회사들이 일부러 넣은 것이 아니라 립스틱의 원재료인 광물질과 색소에 소량씩 잔류하는 것입니다. 매일 조금씩이라 해도 과연 이런 물질을 평생 먹고 살아도 괜찮은 건지 확인이 필요합니다.

화장품법의 '화장품 안전 기준 등에 관한 규정'에 의하면 중금속은 검출 허용 한도가 정해져 있습니다. 1g당 납은 20μg, 비소는 10μg, 수은은 1μg, 안티몬은 10μg, 카드뮴은 5μg 이하여야 합니다. μg(마이크로그램)은 100만 분의 1g을 가리키는 단위이니 1g당 20μg까지 허용한다는 것은 0.02mg을 허용한다는 뜻입니다. 백분율로는 0.002%입니다. 허용 한도가 매우 낮다는 것을 알 수 있습니다.

그런데 왜 중금속을 완전히 금지하지 않고 허용 한도를 정한 것일까요? 완전히 금지하기란 어렵기 때문입니다. 중금속은 물과 토양 등 자연에 존재합니다. 그래서 물과 토양이 길러 낸 식물과, 그 식물을 먹고사는 동물의 몸 안에도 중금속이 존재합니다. 화장품의 원료를 자연에서 얻고 모든 화학적 공정이 자연의 영향을 받기 때문에 중금속을 완벽히 없애기는 불가능합니다. 그래서 우리나라 식약처를 비롯해 각 국가의 감독 기관들은 노출량을 바탕으로 '위해 평가'를 하여 인체에 영향이 없는 수준으로 허용량을 정한 것입니다.

시중의 립스틱을 조사한 자료를 보면 화장품 회사들이 허용량을 준수하고 있는 것을 볼 수 있습니다. 2014년 여성환경연대가 인기리에 팔리는 10종의 립스틱을 분석했는데 납과 카드뮴은 모두 검출되지 않았습니다. 또 2018년 부산 보건환경연구원이 인터넷에서 유통되는 저가 색조 화장품 53건을 분석한 결과 중금속이 모두 허용 한도 이하로 검출되었습니다.

그런데 다른 사실도 밝혀졌습니다. 2014년 여성환경연대의 조사에서 미량의 크롬과 많은 양의 알루미늄이 검출된 것입니다. 크롬은 '사용할 수 없는 원료'라서 화장품에서 검출되어서는 안 됩니다. 알루미늄에는 아무런 기준이 마련돼 있지 않습니다.

그렇다면 과연 립스틱을 지금처럼 사용하는 것이 안전하다고 말할 수 있을까요? 더구나 검출 허용량은 바르는 화장품을 기준으로 만들어진 것이라서 먹을 가능성이 높은 립스틱에 그대로 적용해도 괜찮을지 의문이 드는 사람도 있을 겁니다.

현재 식약처의 입장은 립스틱은 워낙 소량씩 사용되고 그중 일부만 체내로 흡수되기 때문에 건강에 해를 끼칠 가능성은 매우 낮다는 것입니다. 미국 식품의약국(FDA)도 중금속의 '섭취 허용량'을 기준으로 판단할 때 립스틱 속의 중금속이 건강에 영향을 끼칠 가능성은 낮다고 말합니다. '섭취 허용량'이란 유엔 식량농업기구(FAO)와 세계보건기구(WHO)가 공동으로 만든 기준입니다. 이것은 어떤 물질을 일생 동안 먹어도 인체에 영향이 없다고 판단되는 하루, 주간, 혹은 월간 섭취량을 뜻합니다. 이에 따르면 성인을 기준으로 납은 체중 1kg당 주간 25μg이 섭취 허용량이고, 카드뮴은 월간 25μg, 비소는 하루 2.1μg, 수은은 주간 4μg, 알루미늄은 주간 2mg입니다.

유럽 연합 자료에서 여성의 하루 립스틱 사용량이 60mg이라고 하니 검출 허용 한도로 계산할 때 이 안에 납은 최대 1.2μg, 카드뮴은 0.3μg, 비소는 0.6μg, 수은은 0.06μg이 들어 있을 수 있습니다. 주간치, 월간치로 환산해도 섭취 허용량을 한참 밑도는 것을 알 수 있습니다.

알루미늄도 여성환경연대가 가장 많은 양이 검출되었다고 보고한 립스틱 속 함량(8.6%)을 유럽 연합에서 조사한, 여성의 하루 평균 립스틱 사용량으로 환산하여 50kg인 여성의 알루미늄의 주간 섭취 허용량과 비교하면 3분의 1 수준으로 나타납니다. 립스틱은 바른 양을 다 먹는 것이 아니며 일반적인 립스틱의 알루미늄 함유량은 이것보다 훨씬 적을 것이므로 이 정도면 안심해도 되는 수준입니다.

　과학적으로 살펴볼 때 립스틱 속의 중금속은 우리 건강에 큰 위협이 아닙니다. 그러나 완전히 안심할 수는 없습니다. 소비자에게 안전하다는 확신을 주려면 때로는 과학만으로 충분하지 않습니다. 불안을 달래려면 공개적인 검증 과정과 충분한 소통이 필요합니다. 이를 위해서는 식약처가 립스틱에 대한 좀 더 상세한 위해성 평가를 해야 합니다. 또한 과학적 표현들을 쉬운 용어로 충분히 설명해 주어야 합니다. 립스틱의 안전에 대한 불안과 오해가 하루빨리 풀리기 바랍니다.

화장을 지우는 것이 중요한 이유

　많은 부모님이 자녀가 화장을 지우지 않고 자는 것 때문에 고민합니다. 하루 이틀 화장을 지우지 않아도 아무 문제가 없다는 청소년들의 생각과, 꼭 지우고 자야 한다는 부모님의 생각이 충돌합니다. 과연 어느 쪽이 옳을까요?

　앞서 이야기한 대로 메이크업 제품에는 색소, 필러, 바인더, 불투명화제, 안티케이킹제, 슬립제, 피막 형성제 등이 들어갑니다. 이런 성분들은 모두 끈끈하거나 기름진 것으로 피부에 착 달라붙어 필요한 기능을 수행합니다. 즉 원래의 피부색과 결점을 감추어 더 환하고 매끄럽고 화사한 피부를 만들어 줍니다.

　그러나 이처럼 많은 고체와 기름이 피부에 오랫동안 달라붙어 있는 것은 피부 건강에 좋지 않습니다. 더구나 낮 동안 피부는 땀과 피지를 분비하고 각질이 증가하고, 먼지와 오염 물질이 달라붙습니다. 이것이 메이크업 제품과 뒤섞여 모공을 막을 수도 있고 여드름을 일으킬 수도 있습니다. 그래서 잘 지우는 것이 중요합니다.

피부 건강은 날마다의 습관이 결정합니다. 화장을 잘 지우지 않는 습관이 지속되면 오늘 하루는 괜찮을지 몰라도 어느 순간 피부가 바뀔 수 있습니다. 점점 각질이 쌓이고 칙칙해지고 모공이 막히고, 그러다가 블랙헤드가 생기고 여드름이 나기 시작하면 돌아올 수 없는 강을 건너게 됩니다.

특히 눈 화장을 지우지 않고 자는 습관은 눈 건강에 큰 문제를 낳습니다. 잠자는 동안 눈을 비비면 아이섀도와 마스카라, 아이라이너 부스러기가 눈에 들어가 눈을 자극할 수 있습니다. 눈이 자꾸 빨개지고 가렵다면 이미 이 증상이 시작되었을 수도 있습니다. 눈이 이렇게 약한 상태가 되면 세균에 쉽게 감염됩니다. 또한 마스카라로 코팅된 속눈썹은 매우 건조해서 손으로 비비면 부서지거나 빠지기 쉽습니다. 이런 습관이 반복되면 풍성한 속눈썹은 사라지고 가늘고 힘없는 속눈썹이 됩니다.

청결은 피부 관리의 기본 중 기본입니다. 과학자들은 깨끗한 클렌징은 그 자체로 노화를 예방하는 효과가 있다고 말합니다. 미국의 유명 의학 잡지 『웹엠디』(WebMD)는 클렌징의 중요성에 대해 이렇게 설명합니다. "죽은 각질을 떨쳐 내고 메이크업, 피지, 땀, 오염 물질, 박테리아를 없애 세포 재생이 활발해진다. 수분을 공급하여 피부를 탄력 있게 만든다. 또 세안 후에는 화장품의 영양분이 더 잘 흡수되어서 노화 예방에 도움을 준다."

미국의 피부과 전문의이자 의학 박사인 로리 폴리스는 이렇게 말합니다. "세안을 하지 않고 잠자리에 든다고 해서 당장 큰일이 나는 것은 아니다. 하지만 씻지 않고 잘 때마다 피부가 가질 수 있는 아주 좋은 기회를 잃게 된다. 건조한 피부는 수분을 재공급할 기회를, 피지가 많이 분비되거나 여드름이 나는 피부는 모공 주변을 깨끗이 청소할 기회를, 지친 피부는 탄력을 회복하고 세포를 재생할 기회를 잃게 된다."

늦어도 밤 9시 전에는 세안을 하여 하루 동안의 오염을 씻어 내고 세포 재생을 위한 준비를 하는 것이 어떨까요?

화장품을 친구와 같이 쓴다면?

만약 친구가 아이섀도나 립스틱을 며칠 동안 바꿔 써 보자고 한다면 어떻게 하는 것이 좋을까요? 새로운 제품을 발라 볼 기회이니 덥석 잡아야 할까요, 아니면 적당히 거절하는 것이 좋을까요?

화장품은 매우 사적인 물건입니다. 특히 피부에 직접 닿거나 도구를 통해 간접적으로 닿는 메이크업 제품들은 더더욱 사적입니다. 사용하는 동안 내 피부가 갖고 있는 세균들이 고스란히 제품으로 옮겨지기 때문입니다. 그래서 메이크업 제품을 친구와 나눠 쓰는 것은 서로의 세균을 나누는 것과 같습니다. 매우 위험한 일입니다.

누군가는 이런 우려가 지나치다고 생각할 수도 있습니다. 친구들과 여러 번 화장품을 나눠 써 봤지만 아무 일도 일어나지 않은 경우가 대부분이기 때문입니다. 사실 그렇습니다. 화장품을 바꿔 쓴다고 해서 감염이 되는 일은 아주 드뭅니다. 건강한 사람의 피부에 서식하는 박테리아는 대체로 종류가 비슷하고 이런 경우 서로 옮겨도 해가 되지 않기 때문입니다. 이미 내 피부에 서식하고 있는 박테리아는 외부에서 더 들어와도 큰 문제가 없습니다.

그렇다면 친구들과 화장품을 바꿔 써도 괜찮을까요? 그렇지 않습니다. 좀 더 파고 들어가 보겠습니다.

피부에 존재하는 세균을 '상재균'이라고 합니다. 상재균은 각질층에 살고 있는 거주민들이라 말할 수 있습니다. 얼굴에 살고 있는 상재균은 5~10종으로 대부분 유익합니다. 이들은 화학 물질을 분비하거나 영양분을 독점하여 인체에 해로운 병원균이 피부 위에서 번식하지 못하도록 막아 냅니다. 우리 피부가 균과 바이러스에 저항력을 갖고 일정한 균형을 유지하는 것도 상재균 덕분입니다.

그런데 상재균 중에는 감염을 일으킬 수 있는 병원균도 있습니다. 포도상구균, 여드름균, 코리네박테리움, 아시노테균, 녹농균 등이 수는 적지만 늘 존재합니다. 다른 유익한 상재균의 활약 덕분에 이들은 많은 수로 번식할 수 없지만 그래도 피부 위에서 기생하며 호시탐탐 기회를 엿보고 있습니다.

화장품을 바꿔 써서는 안 되는 이유가 바로 이것 때문입니다. 상재균의 구성이 거의 비슷하다 해도 개인마다 차이는 있습니다. 내가 갖고 있지 않은 병원균을 친구는 갖고 있을 수 있습니다. 또 친구에게는 없는 병원균이 나에게 있을 수 있습니다. 각자 갖고 있을 때는 아무 문제가 없지만 다른 사람에게 옮겨지면 유익한 상재균을 장악하여 감염이 일어날 수 있습니다. 누가 어떤 상재균을 갖고 있는지는 알 수 없습니다. 친구의 피부가 아주 깨끗해 보인다고 해서 그 친구의 상재균이 나에게 해를 끼치지 않을 거라고 장담할 수 없습니다.

또한 바이러스도 조심해야 합니다. 감기에 걸린 사람의 눈물, 콧물, 타액 등에는 감기 바이러스가 있을 수 있습니다. 이런 사람이 쓰던 립스틱, 마스카라, 아이라이너, 아이섀도를 쓰게 되면 감기가 옮게 됩니다. 브러시, 스펀지 팁, 퍼프 등의 메이크업 도구도 마찬가지입니다. 특히 눈병 바이러스는 전염성이 매우 강해서 쉽게 옮습니다. 눈병은 눈병이 걸린 사람의 눈 분비물과 접촉함으로써 전염됩니다. 흔히 수건을 같이 쓰면 옮는다고 알고 있는데 무심코 빌려 쓴 친구의 브러시나 마스카라, 화장품 상점에서 잠깐 써 본 테스트 제품을 통해서도 옮을 수 있습니다.

물론 이 모든 것은 만에 하나입니다. 하지만 만에 하나라도 이런 일이 일어나고 있으니 나에게 일어날 가능성도 있습니다. 그러므로 아예 화장품은 남과 나눠 쓰지 않는다는 원칙을 정하고 지키는 것이 맞습니다.

어쩌면 여러분에게는 이것이 큰 기회를 포기하는 것일지도 모르겠습니다. 써 보고 싶은 제품은 많은데 용돈은 한정돼 있으니 친구와 바꿔 쓰면서 그 허기를 달래 왔다면 아쉬운 마음이 들 것입

파우더 브러시, 블러셔 브러시,
립 브러시, 퍼프 등의 미용 도구는
주기적으로 씻어야 합니다.

니다. 하지만 그런 기회를 갖기 위해 건강과 안전을 위험에 빠뜨릴 수는 없습니다. 위생에 있어서만큼은 엄격한 기준이 필요합니다. 이번 한 번은 괜찮겠지, 별일 없겠지 하며 타협을 하다 보면 정말로 그 위험이 현실이 될 수 있습니다.

아울러 혼자 쓰는 화장품도 세균이 번식하지 않도록 깨끗이 쓰고 청결을 유지해야 합니다. 입구가 넓은 단지형 제품은 손가락이 들락날락하면서 세균을 옮길 위험이 높습니다. 기초 제품이든 메이크업 제품이든 되도록 튜브나 펌프형을 구입하는 것이 좋습니다.

파우더 브러시, 블러셔 브러시, 립 브러시, 퍼프 등의 미용 도구는 주기적으로 씻어야 합니다. 전용 세척제를 팔기는 하지만 꼭 그런 제품을 써야 하는 것은 아닙니다. 전용 세척제는 지성용 샴푸나 아기용 샴푸와 성분이 흡사합니다. 폼 클렌저보다는 세정력이 좀 더 강하고 샴푸보다는 머리카락을 부드럽게 하는 성분이 좀 덜 들어간 제품입니다. 메이크업 도구에 달라붙은 많은 기름때를 효과적으로 제거하면서 털과 스펀지에 너무 많은 유분을 남기지 않기 위해서입니다. 그러나 큰 차이는 아니므로 갖고 있는 폼 클렌저, 샴푸, 바디 샴푸 등으로 씻어도 괜찮습니다.

사용 기한에 깐깐해지자

모든 화장품 속에는 피부에는 큰 영향을 미치지 않지만 제품의 품질에는 큰 영향을 미치는 성분이 들어 있습니다. 바로 산화 방지제와 보존제입니다.

화장품은 개봉하면서부터 빛, 공기, 습도, 온도에 노출됩니다. 빛은 특유의 진동으로 물질 표면에 닿아 그 물질의 분자 구조에 변화를 줍니다. 이렇게 분자 구조가 바뀌면 수소 전자가 튕겨 나오면서 원래의 색과 향을 잃고 기능도 잃어버립니다. 바로 이것이 빛에 의한 산화입니다.

공기 역시 마찬가지입니다. 공기 안의 산소도 다른 물질과 결합하여 수소 전자를 튕겨 나오게 만듭니다. 이런 과정이 쌓이면 계면 활성제로 결합돼 있던 물과 오일이 분리되는 현상이 일어나기 시작합니다. 이때 습도와 온도 등 조건이 맞으면 세균이나 곰팡이가 번식하기에 딱 알맞은 환경이 됩니다. 일단 세균이 번식하기 시작하면 화장품은 빠른 속도로 변질됩니다. 냄새가 이상해지고 질감이 물러지고 색이 바뀝니다. 무심코 이런 제품을 사용하게 되면 피부 자극, 염증, 알레르기, 감염 등이 일어날 수 있습니다.

이런 일을 방지하기 위해 첨가하는 것이 산화 방지제와 보존제입니다. 산화 방지제는 튕겨 나온 전자의 작용을 억제해 줍니다. 보존제는 살균력을 지녀 미생물의 번식을 억제해 줍니다. 대표적인 산화 방지제로는 비타민 C, 비에이치티(BHT), 시트릭애씨드(구연산) 등이 있습니다. 대표적인 보존제로는 파라벤, 페녹시에탄올, 1,2-헥산디올, 클로페네신, 디엠디엠하이단토인 등이 있습니다.

산화 방지제와 보존제가 없으면 화장품은 장기 유통이 불가능합니다. 시중에는 산화 방지제나 보존제를 넣지 않았다고 자랑스럽게 광고하는 제품이 많습니다. 그러나 이 두 성분을 넣지 않으면 그 제품은 유통 과정이나 사용 중에 변질될 확률이 매우 높습니다. 화장품을 안전하게 사용하기 위해서는 이 두 성분이 필수입니다.

하지만 산화 방지제와 보존제도 결국은 시간이 지나면 똑같이 빛, 공기, 습도, 온도에 영향을 받습니다. 이들 역시 결국은 산화되고 변질된다는 뜻입니다. 바로 그 시간을 계산하여 안정적으로 사용할 수 있는 최소한의 기한을 표시한 것이 화장품의 '사용 기한'입니다.

화장품법에 의하면 화장품 회사들은 제품의 포장에 사용 기한을 반드시 표시해야 할 의무가 있습니다. 일반적으로 연월일로 날짜를 표시하거나, 혹은 제조 연월일을 표시한 후 '개봉 후 사용 기간'을 표시할 수 있습니다. 보통 '개봉일로부터 6개월' '개봉일로부터 1년' 등으로 표시합니다. 국내 생산 제품뿐만 아니라 정식 수입된 제품들도 반드시 이 표시 규정을 따라야 합니다.

그런데 여기서 우리가 정확히 알아야 할 사실이 있습니다. 화장품법에 의하면 '사용 기한'이란 "적절한 보관 상태에서 제품이 고유의 특성을 간직한 채 소비자가 안정적으로 사용할 수 있는 최소한의 기한"을 뜻합니다. 이것은 화장품을 적절하게 보관할 책임이 소비자에게 있으며 소비자가 부주의하게 화장품을 다룬다면 사용 기한 이전에라도 제품이 변질될 수 있다는 뜻이기도 합니다.

과연 소비자의 어떤 부주의가 화장품의 변질을 앞당길까요? 이에 대해서는 미국 식품의약국 홈페이지에 잘 정리되어 있어 이를 바탕으로 이야기해 보겠습니다.

첫째, 손가락으로 제품을 덜어 쓰는 행위입니다. 손가락에 묻어 있는 세균과 곰팡이가 제품 속으로 옮겨 갈 수 있기 때문입니다. 물론 손을 깨끗이 씻고 사용한다면 큰 문제는 아닙니다. 보존제에 살균력이 있어서 웬만한 미생물의 침입을 막아 내니까요. 하지만 손에 타액이 묻어 있거나 여러 사람의 손가락이 들어온다면 어쩔 수 없는 시점이 올 수밖에 없습니다.

둘째, 제품을 열에 노출시키는 행위입니다. 뜨거운 방바닥에 놓아둔다거나 햇볕을 받아 뜨거워진 차 안에 놓아두는 것, 드라이기의 열이 닿는 곳에 놓아두는 것 등을 꼽을 수 있습니다. 열은 보존제의 분자 구조를 파괴하여 미생물의 번식을 앞당깁니다.

셋째, 화장품을 다른 사람과 함께 쓰는 행위입니다. 같은 화장품을 함께 쓰면 여러 사람의 손이 들락날락하고 그만큼 많은 미생물에 노출됩니다. 그래서 화장품 가게의 테스터 제품이나 공중목욕탕에 비치된 제품은 감염 위험이 높습니다.

이 밖에 빛도 조심해야 합니다. 직사광선이 닿는 곳에 놓아두면 산화가 일어나 제품이 변질되기 쉽습니다. 특히 화장품 속의 항산화 성분들은 거의 모두 빛에 예민하기 때문에 좋은 성분이 그대로 유지되게 하려면 빛을 피해 보관해야 합니다.

그렇다면 화장품을 사용 기한까지 효과적이고 안전하게 쓰는 방법은 무엇일까요? 첫째, 되도록 단지 모양의 용기보다는 펌프형과 튜브형 제품을 고르는 것이 좋습니다. 손과의 접촉을 최소화하여 용기를 위생적으로 사용하기 위해서입니다.

둘째, 불투명한 용기에 담겨 있는 제품을 골라야 합니다. 투명한 용기는 빛이 그대로 통과해 성분의 산화를 앞당깁니다.

셋째, 화장품을 빛이 들지 않는 서늘한 곳에 보관하고 뚜껑을 꼭 닫아 두고 늘 청결에 신경 써야 합니다. 용기에 먼지가 뽀얗게 쌓인다거나 주변이 지저분하면 만지고 사용하는 과정에서 교차 오염이 일어날 수 있습니다.

넷째, 사용 기한이 지나지 않았더라도 늘 제품의 상태를 확인하는 습관이 필요합니다. 물과 기름이 분리되는 현상, 제품의 질감이 달라지는 현상은 변질의 초기 징후입니다. 색이 변하고 냄새가 난다면 이미 상당히 변질된 것입니다. 미련 없이 버려야 합니다.

다섯째, 제품 속에 물이나 기름, 다른 제품 등을 첨가해서는 안 됩니다. 마스카라나 아이라이너가 굳었을 때 물이나 기름을 넣거나, 로션에 에센스를 넣어 점도를 직접 조절하는 것은 질감을 망치며 제품 변질을 앞당깁니다.

여섯째, 제품을 다른 용기에 덜어 쓰는 것도 좋지 않습니다. 화장품 용기는 세척과 살균 등 철저한 위생 처리가 필요합니다. 개인이 집에서 덜어 쓰는 용기는 그렇게 처리하기 어렵습니다. 며칠 여행용이라면 몰라도 장기간 덜어 쓰는 것은 좋지 않습니다.

일곱째, 브러시, 스펀지, 솔 등 제품에 직접 닿는 화장 도구는 적어도 일주일에 한 번 세척해야 합니다. 폼 클렌저나 순한 샴푸에 세척하고 햇볕에 바짝 말린 후 재사용합니다.

여덟째, 사용 기한이 끝났다면 버리는 것이 최선입니다. 특히 마스카라, 아이라이너는 눈 가까이 사용하는 만큼 사용 기한을 철저히 지키는 것이 좋습니다. 단, 보습 제품, 클렌징 제품, 클렌저류, 파우더류는 냄새, 질감 등에 변화가 없고 상태가 좋다면 한두 달 더 사용해도 괜찮습니다. 앞서 설명했듯 화장품은 사용 기한을 '최소한'으로 잡아 놓기 때문에 잘 보관하면 사용 기한이 끝난 이후로도 꽤 오랫동안 좋은 상태가 유지됩니다. 그래도 사용 기한에서 3개월 이상 지났다면 상태가 괜찮다 해도 그만 버리는 것이 좋습니다.

화장품의 개봉 후 사용 기간

출처: 체크코스메틱닷넷 CheckCosmetic.net

향수, 오 드 투알레트	3년	립 펜슬	1년
파우더류 (아이섀도, 블러셔, 페이스 파우더, 팩트)	1~3년	기초 제품	6~10개월
파운데이션	1~3년	아이라이너 펜슬 아이브로 펜슬	6~8개월
토너류 (스킨, 아스트린젠트)	1년	마스카라	3~6개월
네일 폴리시	1년	리퀴드 아이라이너	3~4개월
자외선 차단제	1년	천연·유기농 기초 제품	6개월
립스틱, 립글로스	1년		

화장품의 일반적인 '개봉 후 사용 기한'을 표로 정리해 보았습니다. 대체적으로 이와 같지만 제품별로 더 짧을 수도 있습니다. 특히 천연 화장품은 효능이 약한 천연 보존제를 쓰기 때문에 사용

기한이 더 짧습니다. 포장을 뜯기 전에 사용 기한을 꼭 확인한 뒤 스티커나 태그 등으로 제품에 표시를 해 두는 습관을 들이는 것이 좋습니다.

3부

화장품
마케팅의
오묘한
언어들

많이 바를수록 좋을까?

요즘 화장품 가게에 가면 화장품 종류가 너무 많아서 눈이 휘둥그레집니다. 브랜드도 많지만 품목도 정말 많습니다. 기초 제품만 해도 토너, 로션, 크림, 에센스, 세럼, 앰플 등이 있습니다. 아스트린젠트, 수분 크림도 별도로 분류됩니다. 최근에는 부스터라는 제품도 등장했습니다. 퍼스트 세럼이라 불리는 제품도 있고 마무리 에센스라 불리는 제품도 있습니다.

이런 분류는 어떻게 만들어진 걸까요? 과학에 근거하여 체계적으로 만들어졌을 것 같지만 사실은 그렇지 않습니다. 그저 화장품 회사의 아이디어와 기획에 의해 만들어진 것입니다.

우리나라는 화장품 산업이 초기였던 1970년대까지만 해도 화장품의 종류가 이렇게 많지 않았습니다. 피지 분비가 많은가 적은가에 따라 묽은 로션을 바르거나 진한 크림을 바르는 정도였습니다.

건조한 피부는 크림을 바르고, 덜 건조한 피부는 로션을 바르는 아주 단순한 시대였습니다.

그러다가 화장품 회사는 '토너'라는 것을 만들어 냈습니다. "피부 결을 정돈해 준다."라는 그럴싸한 설명을 덧붙였습니다. 이후 '아스트린젠트'라는 것도 만들어 냈습니다. 모공을 닫아 주는 수렴 효과가 있다고 설명하자 매우 잘 팔렸습니다.

1980년대 들어와서 화장품 회사들은 '기초 3종 세트'라는 판매 전략을 쓰기 시작했습니다. 토너-로션-크림을 하나로 묶어 세트로 팔기 시작한 것입니다. 여성지와 광고를 통해 이 세 가지 제품을 아침저녁으로 모두 발라야 한다고 가르치기 시작했습니다. 그때부터 기초 3종 세트는 한국 여성들이 꼭 따르는 피부 관리법이 되었습니다.

이후로 아이 크림이 등장했습니다. 에센스도 등장했습니다. 더 고농축이라고 주장하는 세럼도 나오고 앰플도 나왔습니다. 어떤 것은 주름을 줄여 준다 하고, 어떤 것은 미백을 해 준다고 하니 모두 따로 구입해야 했습니다.

새로운 제품이 나올 때마다 사람들은 자연스레 그것이 필요하다고 생각하게 됩니다. 이제 수분 크림도 필요하고 부스터도 필요하고 마스크 팩도 필요합니다. 화장품 회사들이 새로운 품목을 개발할 때마다 우리의 화장대는 비좁아지고 지갑은 얇아집니다. 여론 조사 기관 오픈서베이의 2018년 조사에 따르면 우리나라

20~40대 여성은 매일 평균 4.6개의 기초 제품을 사용한다고 합니다. 토너, 크림, 로션, 에센스, 마스크 팩, 아이 크림 순으로 사용률이 가장 높게 나타납니다.

청소년이 몇 개를 사용하는지는 구체적인 통계가 나와 있지 않습니다. 하지만 여학생들을 대상으로 한 여러 조사에서 토너와 로션의 사용률이 90% 안팎인 것을 볼 때 대체로 2개 이상은 사용하는 것 같습니다.

필요한 제품은 사도 좋습니다. 하지만 우리가 필요하다고 느낄 때, 그것이 진짜 필요인지, 혹은 누군가에 의해 주입된 필요인지는 생각해 보아야 합니다. 어릴 적에 저는 아이 크림이 대단히 신비로운 물건인 줄 알았습니다. 거기에는 다른 제품에는 들어가지 않는 매우 강력하고 특별한 성분이 있어서 어른이 되어야만 바를 수 있는 줄 알았습니다. 여성지에 소개된 값비싼 아이 크림을 보면서 이런 환상은 더욱 커졌습니다. 마침내 스스로 돈을 벌게 되었을 때, 저는 아이 크림이 꼭 필요하다고 느꼈고 백화점에 가서 그 비싼 물건을 사고야 말았습니다. 한참이 지나 아이 크림에 들어 있는 성분이 일반 크림과 똑같다는 것을 알고는 얼마나 배신감을 느꼈는지 모릅니다.

도대체 저는 왜 그렇게 아이 크림이 필요하다고 생각했을까요? 주변에서 지속적으로 필요하다고 세뇌해 왔기 때문입니다. 티브이 광고에서, 여성지에서, 주변의 여자들이, 20대부터 아이 크림을 열심히 바르지 않으면 눈가에 일찍 주름이 진다고 잔뜩 겁을 주었기 때문입니다.

지금은 화장품의 성분에 대해 많은 사실이 알려져 아이 크림 수요는 하락세에 있습니다. 저는 아이 크림이 머지않아 시장에서 사라질 품목이라고 생각합니다. 똑같은 성분에 가격은 지나치게 높고 양은 오히려 적으니 누가 봐도 말이 되지 않습니다.

화장품을 품목별로 차분히 들여다보면 이렇게 쓸데없는 품목이 꽤 있습니다. 토너는 정말로 대부분의 사람에게 불필요합니다. 토너는 95% 이상의 물에 약간의 보습제와 항산화제, 진정제를 넣어 만든 제품입니다. 거의 물이라 이것만 발라서는 보습이 되지 않습니다. 결국 로션이나 크림을 덧발라야 하는데 로션과 크림에는 토너에 들어 있는 모든 성분이 고스란히 들어 있습니다. 그러니 애초부터 토너를 바를 이유가 없습니다.

화장품 회사들은 토너를 발라야 하는 이유에 대해 "피부 결을 정돈해 준다." "모공을 조여 준다." "메이크업 잔여물을 지워 준다." 등등으로 설명합니다. 그러나 피부 결을 정돈한다는 건 실체 없는 모호한 표현입니다. 피부 결은 그냥 피부 결이지 정돈해야 하는 것이 아닙니다. 모공을 조여 준다는 것도 비과학적인 주장입니다. 모공은 조일 수 없습니다. 더 늘어나지 않도록 관리할 수는 있지만 줄일 수 있는 방법은 없습니다.

일부 토너에는 알코올이나 위치하젤 같은 수렴 성분이 들어 있어 바르면 순간적으로 찌릿하며 모공이 조이는 느낌이 듭니다. 하지만 이것은 모공이 줄어드는 것이 아니라 피부 자극으로 순간적으로 혈관이 수축되는 현상입니다. 메이크업 잔여물을 지워 준다는 말은 사실이긴 하지만 이런 기능이 모두에게 필요한 것은 아닙니다. 화장을 아주 진하게 하지 않는 한 세안 단계에서 다 지워지기 때문입니다. 따라서 토너가 정말로 필요한 사람은 토너 하나만으로 보습이 충분한 지성 피부, 화장을 진하게 해서 세안만으로는 도무지 화장이 지워지지 않는 사람 정도입니다.

에센스, 세럼, 앰플, 이런 것들도 다 살 필요가 없습니다. 화장품 회사들은 마음만 먹으면 로션이나 크림 속에 항산화 및 항노화 성분을 얼마든지 넣을 수 있습니다. 그런데 마치 이 모든 기능이 별도인 것처럼 분리하여 에센스, 세럼, 로션, 크림을 겹겹이 바르도록 유도하고 있습니다.

좋은 제품을 만들어 내려는 화장품 회사들의 노력을 부인하는 것은 아닙니다. 다만 우리는 이들의 본질이 비즈니스임을 잊지 말아야 합니다. 되도록 많이 팔아 이윤을 남기는 것이 이들의 최종 목적입니다. 그래서 광고와 미디어를 통해 끊임없이 욕망을 불어 넣고 소비를 부추깁니다. 화장품 회사들의 말에 끌려가다 보면 전혀 생각해 본 적도 없는 물건을 필요하다고 착각하게 됩니다. 피부는 이렇게 많은 제품을 필요로 하지 않습니다. 많이 바른다고 해서 더 좋아지는 것도 아닙니다.

화장품을 잘 알게 되면서 저는 오히려 덜 사고 덜 바르게 되었습니다. 아침에는 세안 후 자외선 차단제 하나만 바르면 기초가 끝납니다. 제가 선택한 자외선 차단제에는 주름 개선과 미백 기능성 성분이 들어 있고 항산화 성분도 있어서 별다른 기초 제품 없이 이것 하나만 발라도 충분합니다.

저녁에는 세안 후 에센스 하나만 바르면 끝납니다. 제가 선택한 에센스는 항산화 성분과 항노화 성분이 들어 있고 보습 성분도 충분해서 다른 것을 더 바를 필요가 없습니다. 물론 아이 크림도 바르지 않습니다. 눈 주변이 좀 건조하다고 느끼는 날에는 손바닥에 바셀린을 조금 녹여서 눈두덩에 대고 꾹꾹 눌러 줍니다. 저는 마사지도 마스크 팩도 하지 않습니다. 과학적으로 따졌을 때 두 제품 모두 당장 좋아졌다는 느낌만 줄 뿐, 실질적인 효과는 없기 때문입니다.

극도로 건조한 피부라면 저처럼 한 가지 제품만으로는 부족할 수 있습니다. 하지만 여러 겹을 바른다고 해서 건조함이 나아지는 것은 아닙니다. 여러 겹을 바르는 것보다 더 중요한 것은 올바른 피부 관리와 올바른 제품 선택입니다. 건조하다고 여러 겹을 바르면서, 피부를 건조하게 만드는 알칼리성 비누를 사용하고 뜨거운 물로 세안을 한다면 피부가 좋아질 리 없습니다. 묽은 에센스나 수분 크림을 듬뿍 바르는 것도 도움이 되지 않습니다. 이런 제품은 오일 함량이 적고 수분 함량은 많아서 바른 후 수분이 증발하고 나면 오히려 건조해지기 때문입니다. 단 하나를 바르더라도 피부 장벽을 강화하고 수분 증발을 막는 성분이 듬뿍 들어 있는 제품을 바르는 것이 훨씬 낫습니다. 세라마이드, 콜레스테롤, 콜라겐, 글리세린, 아미노산, 그리고 여러 종류의 지방산과 오일이 매우 건조한 피부에 큰 도움이 됩니다. 대체로 진한 크림에 이런 성분이 들어 있습니다.

여성지를 보면 아직도 '매일 거르지 말아야 할 7단계 기초 관리' '동안으로 만들어 주는 5단계 스킨케어' 등의 기사가 넘쳐 납니다. 읽어 보면 대부분 화장품 회사들이 협찬한 광고 기사에 불과합니다. 꼭 발라야 하는 몇 단계 피부 관리란 없습니다. 각자 자신의 피부에 맞춰 필요한 제품을 필요한 만큼 바르면 됩니다.

'천연'은 안전하고
'합성'은 위험하다?

    최근 20여 년 사이에 '천연 화장품'의 수요가 폭발적으로 증가했습니다. 농업기술실용화재단에 따르면 2015년 기준 한국의 천연 화장품 시장 규모는 3조 원을 넘었다고 합니다. 이렇게 천연 화장품의 인기가 치솟는 이유는 우리 의식 속에 합성 화학 물질은 위험하고 천연 물질은 안전하다는 고정 관념이 깊이 자리 잡고 있기 때문입니다.

    화장품 회사들도 이를 잘 알고 있습니다. 그래서 이들은 천연 성분을 '신비화'하는 마케팅과, 합성 성분을 '악마화'하는 마케팅을 적극적으로 벌이고 있습니다. 한쪽에서는 천연 성분의 효과와 안전성을 신비롭게 포장하면서 다른 한쪽에서는 합성 성분의 위험을 과장하는 것입니다. 이러한 마케팅은 매우 효과가 좋습니다. 마케팅을 하면 할수록 사람들은 합성 성분에 대해 불안에 떨고 더 안전한 천연 성분을 찾게 되기 때문입니다.

그런데 과연 천연은 안전하고 합성은 위험할까요? 결코 그렇지 않습니다. 안전과 위험은 천연이나 합성이냐에 따라 달라지는 것이 아니라 물질별로 제각각 다릅니다. 천연이든 합성이든 안전한 것은 안전하고, 위험한 것은 위험합니다.

사실 현존하는 화학 물질 중에서 가장 위험한 것은 천연에서 나옵니다. 박테리아가 만들어 내는 독소인 보톡스가 바로 그것입니다. 독성이 너무나 강해서 몸무게 60kg의 성인이 약 12~18μg에 노출되면 죽음에 이릅니다. 보톡스 약 130g이면 전 세계 76억 인구를 전멸시킬 수 있다고 합니다.

그런데 보톡스는 성형외과에서 주름을 제거하는 주사제로 흔히 사용됩니다. 이렇게 치명적인 물질을 어떻게 피부에 주사할 수 있을까요? 보톡스는 신경 독소라서 신경에 작용하지 않는 한 안전하게 사용할 수 있기 때문입니다. 피부 밑에 보톡스를 주사하면 근육을 한동안 마비시켜 표정 주름을 펴 주는 효과가 있습니다. 주름을 제거하는 용도 외에도 눈꺼풀 경련, 근육 경직, 파킨슨병 등에 두루 활용됩니다. 보톡스는 천연 물질이라도 위험한 것은 매우 위험하다는 증거입니다. 동시에 이렇게 위험한 물질도 잘 사용하면 인간에게 유익하다는 증거이기도 합니다.

우리가 천연 물질을 안전하다고 생각하는 이유는 그 자체로 안전해서가 아닙니다. 우리가 안전한 방식으로만 써 왔기 때문입니다. 소금을 예로 들어 보겠습니다. 아무도 소금이 위험하다고 생각하지 않습니다. 하지만 만약 소금을 눈에 집어넣는다면 엄청나게 따끔거리고 아플 겁니다. 빨리 씻어 내지 않으면 각막이 손상될 수도 있습니다. 또 성인이 한꺼번에 밥 한 공기 정도 양의 소금을 먹으면 중독 증상이 일어나 사망에 이를 수 있습니다. 이렇게 위험한 소금이지만 우리는 늘 몇 킬로씩 사서 집에 보관해 둡니다. 아무도 소금을 눈에 넣거나 한꺼번에 많이 먹지 않기 때문입니다.

마늘을 눈에 넣으면 어떨까요? 많은 양의 후추를 코로 흡입하면 어떻게 될까요? 겨자를 피부에 바르면 어떻게 될까요? 모두 대단히 위험한 행위이지만 아무도 이런 걱정을 하며 마늘, 후추, 겨자가 위험하다고 말하지 않습니다. 우리가 안전하다고 생각하는 천연 물질은 그 자체로 안전한 것이 아니라 우리가 안전하게 쓰고 있는 것입니다.

합성 물질도 똑같습니다. 잘못된 방식으로 사용하면 위험하지만 안전한 방식으로 사용하면 안전합니다. 결국 안전과 위험을 가르는 것은 천연이냐 합성이냐가 아니라 사용 방식입니다.

화장품에 반드시 들어가야 하는 보존제 중에 파라벤이라는 물질이 있습니다. 2000년대 초반까지만 해도 대부분의 화장품에 파라벤이 들어 있었고 사람들은 아무 문제 없이 잘 사용했습니다. 그런데 막 시장에 들어온 천연 화장품 회사들이 파라벤을 악마화하는 마케팅을 시작했습니다. 이들은 파라벤이 알레르기를 일으키

안전과 위험을 가르는 것은
천연이냐 합성이냐가 아니라 사용 방식입니다.

고, 피부암을 일으키고, 체내로 흡수되어 호르몬을 교란시킨다는 소문을 퍼뜨렸습니다. 소문은 불안과 공포를 먹으며 눈덩이처럼 커졌습니다. 일부 환경 단체와 시민 단체, 화장품 전문가 들까지 이 소문이 사실인 것처럼 말하기 시작했습니다. 뒤늦게 과학자들과 식약처가 사실이 아니라고 설명해도 아무도 믿지 않게 되었습니다.

파라벤 악마화 마케팅의 결과는 어떻게 되었을까요? 천연 화장품 회사들은 순식간에 매출을 늘리는 데에 성공했습니다. 결국 일반 화장품 회사들까지도 파라벤을 쓰지 않는 쪽을 택했습니다. 소비자가 거부감을 가진 성분을 쓰지 않는 것이 판매에 도움이 되기 때문입니다. 그렇다고 보존제를 안 넣을 수는 없으니 대체 천연 성분을 넣었습니다. 그것이 바로 초피나무열매, 어스니어, 할미꽃, 아르니카, 자몽씨, 황금추출물, 목란뿌리추출물 등입니다.

그런데 과연 이 대체 성분들은 더 안전할까요? 전혀 그렇지 않습니다. 파라벤이든 천연 성분이든 보존제로 쓰인다는 것은 미생물의 증식을 억제하는 살균력이 있다는 뜻이기 때문입니다. 살균력을 가진 물질은 합성이든 천연이든 모두 독성이 강합니다. 독성이 있어야 박테리아와 곰팡이를 죽일 수 있습니다.

따라서 파라벤을 넣든 천연 대체 보존제를 넣든, 결국 자극의 가능성은 여전히 있습니다. 아직까지 천연 대체 보존제에 대한 전면적인 위해 평가가 없었기 때문에 확실하게 말할 수 없습니다. 하지만 2014년 독일 연방위해평가원(BfS)은 이렇게 발표했습니다.

"우리는 파라벤을 다른 보존제로 대체하는 것을 지지하지 않는다. 왜냐하면 다른 보존제와 달리 파라벤은 피부에 순하고 알레르기 위험도 낮기 때문이다."

합성 성분을 악마화하는 마케팅으로 '희생'된 성분은 파라벤 외에도 수두룩합니다. 과학자들이 "세상에서 가장 순한 오일"이라고 말하는 미네랄오일은 석유에서 왔다는 이유로 '석유 찌꺼기 오일'로 추락했습니다. 샴푸에 가장 흔히 들어가는 세정제였던 소듐라우릴설페이트는 눈을 멀게 하는 무시무시한 계면 활성제가 되었습니다. 폼 클렌저에 흔히 들어가는 폴리에틸렌글라이콜과 폴리프로필렌글라이콜도 난데없이 발암 물질이 든 위험 성분이 되었습니다.

이러한 합성 성분 악마화 마케팅은 여러 면에서 사회에 해를 끼칩니다. 불필요한 불안과 공포를 조성하고 화장품 회사와 식약처를 불신하게 만들기 때문입니다. 더 나아가 '천연은 안전, 합성은 위험'이라는 이분법적 사고를 퍼뜨려 과학적 사고를 후퇴하게 만듭니다. 미국의 저명한 화장품 화학자인 페리 로마노프스키는 이것을 "과학맹(scientific illiteracy)을 조장한다."라고 표현합니다. 글을 못 읽는 문맹은 사라지는데 과학을 제대로 해석할 줄 모르는 '과학맹'은 증가하는 것입니다.

물질의 안전을 평가할 때 천연이냐 합성이냐로 판가름하는 것만큼 어리석은 것은 없습니다. 천연에서도 매우 순한 것부터 독성이 큰 것까지 다양한 물질이 나오고 합성에서도 마찬가지입니다.

게다가 많은 합성 물질이 천연을 흉내 내서 비슷하게 만들거나 분자 구조를 똑같이 복사해 낸 것입니다. 분자 구조가 똑같으면 천연이든 합성이든 아무 차이가 없습니다. 대표적으로 비타민 C는 과일에서 추출해서 만들든, 공장에서 합성하여 만들든, 분자 구조가 똑같고 효과와 안전성도 똑같습니다.

물질은 그저 물질일 뿐입니다. 거기에는 자연과 인공의 경계도 없고 천연과 합성의 경계도 없습니다. 인간이 공장에서 수많은 물질을 합성하듯이 자연도 수많은 물질을 합성합니다. 우리는 각 물질의 특성을 잘 파악하여 위험한 것은 잘 관리하고, 유용한 것은 잘 활용하면 됩니다.

천연은 선(善)이고 합성은 악(惡)이라는 화장품 회사들의 마케팅에서 벗어나면, 화장품 선택이 훨씬 폭넓고 자유로워질 것입니다.

#3
'유기농' 제품의 허무한 진실

    천연 화장품 중에서도 '유기농' 화장품은 더 특별하게 취급됩니다. 화장품 회사들은 유기농 화장품을 '자연이 내린 선물' '순수의 결정체' 등으로 부르면서 안전한 화장품의 정답인 것처럼 제시합니다.

    이러한 유기농 마케팅은 매우 큰 성공을 거두었습니다. 특히 아기에게 화학 성분이 해가 될까 봐 걱정하는 엄마들의 마음을 파고들었습니다. 민감성 피부를 가진 사람들, 피부병이 있는 사람들, 피부 관리에 매우 까다로운 사람들도 유기농 화장품에 기대게 되었습니다.

    그런데 유기농 화장품이 도대체 무엇일까요? 화장품법의 '유기농 화장품의 기준에 관한 규정'을 보면 "유기농 화장품은 전체 구성 원료 중 10% 이상이 유기농 원료로 구성되어야 한다."라고 적

혀 있습니다. 또 화장품법의 '화장품 표시·광고 관리 가이드라인'
에 따르면 제품명에 '유기농'이란 표현을 사용하려면 "물과 소금
을 제외한 전체 구성 성분 중 유기농 원료가 95% 이상"이어야 합
니다.

이 두 가지 기준을 해석해 보면 '유기농 화장품'이라고 광고하
려면 전체 성분의 10%가 유기농 원료로 구성되면 되지만, 제품명
에 직접 '유기농'이라는 표현을 쓰려면 물과 소금을 제외한 나머
지에서 유기농 원료가 95% 이상이 되어야 합니다.

처음에 저는 이 정도면 꽤 높은 기준이라고 생각했습니다. 앞서
설명했듯 화장품은 물, 기름, 계면 활성제가 기본이고 여기에 보습
제, 점도 조절제, 각종 항산화 성분, 보존제 등이 첨가됩니다. 물의
함량만 50~95%에 이르고 계면 활성제, 점도 조절제 등 꼭 써야만
하는 화학 성분도 3~5%에 이릅니다. 유기농 성분은 식물 오일, 식
물 왁스, 식물 추출물, 식물 유래 항산화 성분, 그리고 일부 동물성
지방과 동물의 젖 등이 고작입니다. 이런 성분은 많이 넣을수록 점
도에 영향을 주기 때문에 많이 넣기가 어렵습니다. 그러니 10%면
꽤 많은 양이고 게다가 물과 소금을 제외한 전체의 95%라면 정말
많은 양입니다.

그러나 화장품 회사들이 만들어 내는 유기농 제품을 보는 순간
이런 제 생각이 순진했다는 것을 알 수 있었습니다. 대부분의 제품
이 물을 유기농 성분으로 둔갑시킨 것이었기 때문입니다. 다시 말

해서 물에다 유기농 식물을 넣어 우리거나, 달이거나, 여과하거나 증류하여 그 물 자체를 유기농 성분으로 만드는 것입니다. 예를 들어 물에 유기농법으로 재배한 녹차 잎을 우려내면 그 물은 '유기농 녹차수'가 됩니다. 로션을 만들 때 그 녹차수를 넣으면 다른 유기농 성분은 몇 퍼센트 넣지 않아도 유기농 화장품의 요건을 충족하고도 남습니다. 이런 식이라면 유기농 화장품을 만들기는 너무나 쉽습니다. 전체 성분에서 H_2O, 즉 물의 비중을 제외하고 다시 계산하면 과연 유기농 원료의 함량이 얼마나 될까요?

더 중요한 것은, 물로 요령을 부리지 않고 식약처가 정한 요건을 성실하게 지킨 제품이 있다면, 그것이 정말로 일반 화장품과 획기적으로 다를까 하는 의문입니다. 유기농 원료가 10% 이상 들어간다고 해서 과연 그 제품이 일반 제품보다 더 효과가 좋고, 더 안전하고 말할 수 있을까요?

유기농법이란 화학 비료와 농약 없이 작물을 재배하는 농법을 뜻합니다. 그런데 많은 과학자가 유기농법으로 재배하든 일반 농법으로 재배하든 작물의 영양에는 큰 차이가 없다고 말합니다. 2012년 미국 스탠퍼드 대학 연구 팀이 유기농 관련 논문 237개를 분석했더니 유기농 작물이 일반 작물에 비해 건강에 유익하다는 증거를 거의 발견할 수 없었다고 합니다. 유기농 작물에 '인'이 좀 더 많았다는 것 외에는 비타민이나 미네랄 함량에 큰 차이가 없었다는 것입니다. 독일 공산품 평가 기관 '슈티프퉁 바렌테스트'

(Stiftung Warentest)도 비슷한 이야기를 합니다. 이들은 2010년 식품 매장에서 판매하는 유기농 제품과 일반 제품의 영양 구성을 비교해 보았는데 큰 차이가 없는 것으로 나타났다고 합니다. 다만 농약은 유기농 제품에서는 25%만 검출되었지만 일반 식품에서는 84%가 검출되었습니다. 그렇다면 유기농 원료와 일반 원료의 차이는 대체로 잔류 농약이 있느냐 없느냐의 차이뿐입니다.

그런데 과학자들의 연구 결과를 보면 잔류 농약이 있느냐 없느냐가 건강에 유의미한 차이를 만들지도 않는 것으로 나타납니다. 2014년 영국 옥스퍼드 대학 연구 팀이 유기농 식품을 전혀 먹지 않는 18만 명의 여성과 유기농 식품을 보통 혹은 항상 선택하는 4만 5,000명의 여성을 9년간 추적한 결과 전반적인 건강 상태에 차이가 없었고 암 발생 위험에도 별 차이가 없는 것으로 나타났습니다.

특히 화장품은 원료를 가공하는 과정에서 충분히 세척하고 화학적 처리를 하기 때문에 농약이 남을 확률이 매우 낮습니다. 유기농 작물과 일반 작물이 영양 면에서 비슷하고 농약도 큰 영향이 없다면, 이 둘로 만든 화장품 사이에는 정말 차이가 없습니다.

실제로 미국 식품의약국은 2010년 홈페이지에 올린 글에서 "유기농 제품이 일반 제품보다 더 안전한 것은 아니다."라고 말합니다. "성분의 유래가 안전을 결정하지 않는다. 예를 들어 여러 식물 성분은 유기농법으로 길러졌든 아니든 독성 물질이나 알레르기 유발 물질을 함유할 수 있다."라는 것이지요.

식품과 화장품에 유기농 인증을 해 주는 미국 농무부도 홈페이지에서 이렇게 밝히고 있습니다. "인증 마크는 농무부의 유기농 기준에 부합한다는 것을 확인해 주는 것이지 더 안전하다거나 영양이 더 좋다는 뜻이 아니다."

이런 말을 종합해 볼 때, 유기농은 판매를 촉진하기 위한 마케팅 방법일 뿐 효과나 안전과는 큰 관련이 없습니다. 유기농 화장품이 피부를 아름답게 가꿔 주고 더 안전할 것이라 기대하는 수많은 소비자는 환상을 좇고 있는 것과 다름없습니다. 화장품은 환상이 아니라 그저 매일 쓰는 생활용품일 뿐입니다.

#4
'한방' 화장품,
'발효' 화장품은 뭐가 다를까?

화장품에 관심이 많다면 한방 화장품, 발효 화장품에 대해 들어 보았을 겁니다. 가격도 꽤 높고 포장도 고급스러워서 도대체 어떤 화장품인지 궁금했을 겁니다.

한방, 발효 화장품은 유기농 화장품과 마찬가지로 '천연' 마케팅의 연장선상에 있습니다. 이들 화장품은 천연 중에서도 특별한 효능을 가진 한방 성분, 특별한 과정을 거친 발효 성분을 내세웁니다. 특히 이것은 동양 의학, 그리고 한국의 독특한 식문화와 관련 있다는 점에서 흥미를 자극합니다. 한방 화장품과 발효 화장품은 현재 'K-뷰티'(해외에서 한국 화장품을 일컫는 말로 한류의 한 축을 이룬다.)의 주력 상품으로 홍보되어 중국, 동남아, 유럽 등지에서 꽤 많은 인기를 끌고 있습니다.

한방 화장품에는 주로 동양 의학에서 쓰이는 한방 성분이 들어 있습니다. 홍삼, 인삼, 당귀, 감초 등이 가장 흔합니다. 모두 조선 시대 고서인 『동의보감』에서 기력을 보하거나 혈액을 맑게 하는 효능이 있다고 알려진 약재입니다.

발효 화장품에는 발효 성분이 들어 있습니다. '갈락토미세스발효여과물' '락토바실러스/콩발효추출물' 등 종류가 수없이 많습니다. 대한화장품협회가 운영하는 '화장품 성분 사전'에서 '발효'를 검색하면 무려 1,000개가 넘는 발효 성분이 나옵니다. 잘 알려진 식물뿐만 아니라 수많은 이국적인 식물 추출물, 한방 성분도 효모나 균과 결합하여 발효 성분으로 거듭난 것을 볼 수 있습니다.

한방 성분과 발효 성분에는 실제로 특별한 점이 있습니다. 한방 성분은 약재를 오랜 시간 달여서 그 안의 영양분을 추출해 농축하는 과정을 거치기 때문에 아미노산과 펩타이드, 지방산, 당류, 각종 피토케미컬(phytochemical, 인체 건강에 도움이 되는 식물 속 화학 물질.)이 풍부합니다. 발효 성분도 발효 과정에서 유산균이 많아지고 새로운 물질이 생성되고 분자가 잘게 분해되어 소화 흡수가 좋아지는 등 많은 유익한 효과가 있습니다.

그러나 이것은 어디까지나 먹었을 때의 효과입니다. 화장품은 먹는 것이 아니라 바르는 것이기 때문에 먹었을 때의 효과를 그대로 기대하기는 어렵습니다. 즉, 한약을 먹을 때 기력이 보충된다고 해서 한약을 바를 때 피부에 에너지가 충전되는 것은 아닙니다.

예를 들어 인삼과 홍삼은 섭취할 때에는 기력 보충, 피로 해소,

질병 예방 등의 효과가 있다고 알려져 있지만 피부에 발랐을 때는 보습제와 항산화제로 작용하여 탄력을 약간 높여 주는 효과가 있을 뿐입니다. 물론 그것만으로도 매우 훌륭한 성분이긴 하지만, 레티놀이나 비타민 C, 비타민 E 등 흔히 잘 알려진 다른 항노화 성분보다 더 뛰어나다고 말할 근거는 없습니다.

발효 성분도 마찬가지입니다. 발효 식품이 몸에 좋은 첫 번째 이유는 풍부한 유산균인데 화장품은 생산 과정에서 멸균을 하기 때문에 유산균은 발효 화장품 속에 존재하지 않으며 어차피 피부에 도움이 되지도 않습니다. 또 성분이 잘게 분해되면 이론상으로는 피부 속으로 더 깊숙이 흡수될 것 같지만 실제로는 그렇지 않습니다. 물론 일부 발효 성분은 발효 전보다 펩타이드(2개 이상의 아미노산이 특정한 형태로 결합된 화합물.)가 많아지는 등 보습, 항산화, 항노화 등에서 더 효과가 좋다는 것이 입증되었습니다. 하지만 모든 발효 성분이 그런 것은 아니며 다른 보습 성분이나 항산화 성분보다 효과가 월등히 좋은 것도 아닙니다.

화장품은 성분이 유기농이든 한방이든 발효든, 그저 비슷한 효과가 있을 뿐입니다. 즉 보습, 진정, 항산화, 항노화, 이것이 전부입니다. 이보다 더 센 효과가 있는 물질은 너무 강력해서 화장품에 쓰일 수 없습니다. 화장품은 안전성이 최우선이기 때문에 효과가 너무 강한 건 사용하지 않거나 혹은 함량을 낮춰서 순하게 만듭니다. 한방 성분이나 발효 성분도 안전하게 사용하기 위해서는 순해야 하고 화장품의 범위 이상의 효과가 없어야 합니다.

화장품 회사들이 한방과 발효 제품을 만들어 낸 진짜 이유는 뭔가 달라 보이기 때문입니다. 한방 화장품, 발효 화장품, 효소 화장품 등등 뭔가 달라 보이는 제품을 자꾸 만들어 내야 소비자가 호기심을 느끼고 새로운 화장품을 사기 때문입니다.

어떤 성분으로 만들든, 어떤 이름으로 포장되든, 화장품의 효과는 비슷하다는 것을 알면 광고의 유혹 앞에서 강해질 수 있습니다.

'기능성' 화장품은 기능이 뛰어날까?

요즘 시중에서 판매하는 모이스처라이저를 보면 거의 대부분 주름 개선과 미백의 이중 기능성 제품이라고 표시되어 있습니다. 에센스는 물론 로션, 크림, 수분 크림도 그렇습니다. 심지어 자외선 차단제와 파운데이션은 주름 개선, 미백, 자외선 차단을 겸한 3중 기능성 제품인 경우가 많습니다.

도대체 기능성 화장품이 뭘까요? 무엇이 들어 있고 얼마나 효과가 좋은 걸까요? 법적인 정의를 따지자면 기능성 화장품이란 미백, 주름 개선, 자외선 차단에 도움을 주는 화장품을 뜻합니다. 2018년 4월부터는 범위가 확대되어 염모제, 제모제, 탈모용 샴푸, 여드름용 세안제, 아토피용 보습제, 튼 살 완화 크림까지도 기능성 화장품이 되었습니다.

기능성 화장품에는 식약처가 고시한 성분이 들어 있습니다. 미백 제품에는 미백 기능성 고시 성분이, 주름 개선 제품에는 주름 개선 기능성 고시 성분이 들어 있습니다. 얼마나 넣어야 하는지 그 함량도 식약처가 정하여 고시합니다. 따라서 기술적으로 정의하자면 기능성 화장품은 '식약처가 고시한 성분이 고시한 함량으로 들어 있는 화장품'이라 말할 수 있습니다.

국가 기관인 식약처가 그 효과를 인증하는 것이므로 기능성 화장품은 대단히 뛰어날 것이라고 생각하게 됩니다. 하지만 실제로는 그렇지 않습니다. 화장품으로 어떤 효과를 내는 데에는 한계가 있습니다. 피부를 인위적으로 하얗게 만들고 주름을 없애려면 그런 효능이 있는 성분을 써야 합니다. 이런 성분들은 효능이 있는 만큼 자극도 있습니다. 화장품은 매일 바르는 생활용품이기에 효과보다도 안전성을 먼저 챙겨야 합니다. 그래서 자극이 없는 수준으로 함량을 낮춰야 하니 효과도 작아집니다.

화장품은 의약품이 아닙니다. 피부과에서 처방하는 바르는 약은 부작용의 위험이 있지만 치료 효과는 좋습니다. 반면에 화장품은 부작용의 위험이 낮은 대신 효과도 별로 없습니다. 기능성 제품은 피부 개선에 약간 도움이 되기는 하지만 효과가 뚜렷하지는 않습니다. 다시 말해서 미백 제품을 바른다고 피부가 기대만큼 하얘지는 것이 아니고, 주름 개선 제품을 바른다고 기대만큼 주름이 개선되는 것이 아닙니다. 탈모 샴푸라고 해서 탈모를 획기적으로 막아 주지는 못하며 여드름용 세안제 역시 여드름을 즉각 멈춰 주지 못합니다.

물론 효과가 전혀 없는 것은 아닙니다. 함량이 낮아도 그 자체로 피부에 유익한 점이 있으며 장기적으로 꾸준히 바르면 효과가 나타날 수도 있습니다. 다만 이러한 효과는 매우 서서히 일어나기에 스스로 체감하기 힘들고 개인마다 차이도 큽니다.

특히 탈모, 여드름, 아토피, 튼 살은 솔직히 효과를 보기가 어렵습니다. 탈모는 약으로도 고치기 매우 어려운 증상입니다. 그러니 문질렀다가 금방 씻어 내는 샴푸로는 할 수 있는 일이 별로 없습니다. 그저 두피의 청결과 모발의 영양에 관계되는 성분을 여러 가지 넣어 기본적인 임상 효과를 입증하면 기능성 샴푸로 인정해 주는 것입니다.

여드름과 아토피도 그렇습니다. 이것들은 여러 복합적인 원인으로 발생하는 피부 질환이며 치료가 까다롭습니다. 잠깐 문질렀다가 씻어 내는 클렌저, 보습 로션 등이 해결책이 될 수는 없습니다. 도움이 될 수도 있지만 큰 기대는 하지 않는 것이 좋습니다.

튼 살 제품은 더욱 믿을 수 없습니다. 튼 살은 급격한 체중 증가로 진피층의 섬유가 찢어지면서 생기는 피부 내부의 흉터입니다. 병원에서 레이저로도 지우기 어려운 것을 화장품으로 지우기란 물리적으로 불가능합니다.

그럼 식약처는 왜 별 효과도 없는데 기능성 인증 제도를 만들었을까요? 왜 자꾸 그 범위를 확대하는 걸까요? 이를 이해하면 우리는 화장품을 더 넓은 시각에서 바라볼 수 있게 됩니다.

첫째는 과장 광고로부터 소비자를 보호하기 위해서입니다. 기능성 인증제는 '어떤 효과가 있다고 광고할 수 있는 권리'를 식약처에서 인정해 주는 제도라고 할 수 있습니다. 즉, 어떤 제품이 주름 개선 효과가 있다고 광고하려면 반드시 레티놀, 아데노신 같은 주름 개선 기능성 성분을 넣어야 합니다. 미백 효과가 있다고 광고하려면 반드시 비타민 C, 알부틴 같은 미백 관련 성분을 넣어야 합니다. 만약 이 제도가 없다면 화장품 회사들은 아무 근거도 없이 주름을 없애 준다, 얼굴을 하얗게 해 준다 하고 마음대로 과장 광고를 할 수 있었을 것입니다. 이런 점에서 기능성 인증제는 과장 광고를 막고 확실한 선택 기준을 제시하여 소비자를 보호하는 역할을 합니다.

하지만 한편으로 기능성 인증제는 기업을 위한 제도이기도 합니다. 기능성 인증을 받으면 그것을 이용하여 광고를 하고 판매를 늘릴 수 있기 때문입니다. 기능성 인증제는 국가가 산업의 성장을 촉진하기 위해 운영하는 일종의 마케팅 프로그램이라고도 말할 수 있습니다.

실제로 기능성 인증제가 만들어진 이후 화장품 산업은 무서운 속도로 성장했습니다. 미백과 주름 개선 제품을 중심으로 소비가 대폭 늘어났고 '안티에이징'(anti-aging, 항노화)에 대한 관심도 높아졌습니다. 한국의 화장품 산업이 무려 13조 원의 규모로 커지게

된 데에는 기능성 인증제가 큰 몫을 했습니다. 정부는 이 산업이 계속 커질 수 있도록 온갖 반대를 무릅쓰고 2018년 기능성 화장품의 범위를 탈모, 여드름, 아토피, 튼 살 등으로 확대한 것입니다.

정부가 기업을 위해서 이런 선택을 한 것에 화가 날 수도 있습니다. 하지만 정부 입장에서 생각해 보면 이해할 수 있는 면이 있습니다. 이제 화장품은 단순히 피부 건강만의 문제가 아닙니다. 많은 사람의 일자리와 수출, 경제 활성, 국가 경쟁력이 달려 있습니다. 소비자를 위해 엄격히 규제만 하다가는 산업이 위축되고 성장 기회를 놓치게 됩니다. 둘 사이에서 어떻게든 균형을 잡는 것이 정부의 역할입니다.

기능성 제도를 확대하면서 식약처는 아토피, 여드름, 탈모, 튼 살 개선 기능성 제품에 "질병의 예방 및 치료를 위한 의약품이 아님." 이라는 주의 문구를 표시할 것을 의무화했습니다. 기업 활동에 숨통을 터 주면서 소비자의 권리도 보호하기 위한 궁여지책입니다.

아마 여러분 중에는 어른들이 바르는 미백 제품, 주름 개선 제품 등을 보면서 '나는 언제부터 저런 제품을 발라야 할까?' 궁금해한 사람이 있을 겁니다. 앞서 이야기한 대로 이런 제품은 효과가 뚜렷하게 있는 것도 아니고, 아예 없는 것도 아니고 막연합니다. 약이 아니라 화장품이라서 피부에 해가 되지 않는 선에서 안전하게 만들기 때문에 그만큼 효과도 별로 없습니다. 그러니 청소년이 써도 안전하냐고 묻는다면 당연히 안전합니다. 아주 심한 민감성 피부가 아니라면 주름 개선·미백 화장품을 발라도 아무 문제가 없습니다.

다만 고함량의 비타민 C 제품, 고함량의 레티놀 제품은 트러블이 날 수 있으니 조심할 필요가 있습니다. 이런 제품은 주로 40~50대를 겨냥한 고가의 안티에이징 브랜드에서 선보입니다. 간혹 청소년들이 엄마 화장품을 발랐다가 트러블이 나는 경우가 있는데 십중팔구 고함량 기능성 성분 때문입니다. 드러그스토어, 로드 숍 등에서 파는 일반적인 주름 개선, 미백 화장품은 고함량이 아니므로 청소년들이 사용하는 데에 문제가 없습니다.

그런데 이런 제품들이 청소년에게도 필요하냐고 묻는다면, 그렇지는 않습니다. 큰 효과도 없을뿐더러, 노화가 진행되는 시기도 아니므로 이런 항노화 화장품을 바를 필요가 없습니다. 주근깨가 생기지 않도록 자외선 차단제를 발라 주는 것으로 충분합니다.

화장품 회사들은 10대 때부터 미리 항노화 관리를 해야 20대의 피부를 더 오래 유지할 수 있다는 논리를 폅니다. 이것은 과학적으로 아무 근거가 없습니다. 그저 더 많은 제품을 팔려는 상술에서 나온 말입니다.

여러분에게는 피부를 편안하게 해 주는 모이스처라이저 하나면 충분합니다. 주름 개선, 미백 성분이 없어도 상관없습니다. 로션이나 크림도 좋고, 토너, 젤, 에센스도 좋습니다. 피부 타입에 맞게, 용돈 안에서, 질감과 향이 마음에 드는 것을 구입하면 됩니다.

단 하나의 기적의 성분이 있을까?

한때 코엔자임Q10이라는 성분이 유행한 적이 있습니다. 새로 개발된 혁신적인 노화 방지 성분으로 소개되어 큰 화제를 모았고 여러 제품이 시장에 나왔습니다. 당시 설명을 보면 "활성 산소를 제거하는 강력한 항산화 작용." "뛰어난 노화 방지 효과."라는 찬사가 나옵니다. "세포에 꼭 필요한 ATP를 생성시켜 미토콘드리아 안에서 에너지를 만들어 낸다."라는 매우 과학적인 설명도 있었습니다.

하지만 코엔자임Q10 열풍은 그리 오래가지 못했습니다. 발라 봤자 큰 효과가 없었을 뿐만 아니라, 곧이어 더 뛰어나다는 레티놀이 나왔고 레스베라트롤도 나왔기 때문입니다. 레티놀은 "주름을 없애 주는 가장 혁신적인 물질."로 소개되었고 레스베라트롤은 "현존하는 단연 최고의 항산화제."로 소개되었습니다.

그럼 레티놀과 레스베라트롤은 어떻게 됐을까요? 지금도 여전히 좋은 성분으로 꼽히지만 예전과 같은 말은 못 듣고 있습니다. 그저 여러 항노화 성분 중 하나로 여겨질 뿐입니다.

최근에는 이데베논이라는 성분이 주목을 끌고 있습니다. 항산화 효과가 비타민 C의 4배이고 코엔자임Q10의 10배라고 자랑합니다. "레티놀보다 3배 더 뛰어나다." "알부틴보다 미백 효과가 우수하다."라는 말도 돌아다닙니다. 하지만 사실 이데베논은 코엔자임Q10을 모방해서 합성해 낸 것입니다. 합성하기 위해 최신 기술이 필요하긴 하지만, 그렇다고 효과가 엄청 더 좋아지는 것은 아닙니다.

이 밖에도 하이알루로닉애씨드, 달팽이점액, 마유, 병풀추출물, 마데카소사이드 등이 한바탕 유행을 휩쓸었습니다. 화장품 회사들은 이 성분들은 차원이 다르다며 높이 띄웠지만 발라 보니 결국 비슷했습니다.

화장품 회사들은 왜 이렇게 성분 띄우기에 열을 올릴까요? 그것이 소비자에게 잘 먹히는 마케팅 전략이기 때문입니다. 단 하나의 신비의 성분, 기적의 성분은 인기가 좋습니다. 마치 티브이의 건강쇼에서 체험자들이 "비타민 C를 복용하고 암이 나았다." "노니 분말을 먹고 3개월 만에 10kg를 뺐다."라고 말하면 순간 시청률이 올라가는 것과 같습니다.

암이 완치된 것이 모두 비타민 C 덕분일 리 없고 10kg이 빠진 것이 모두 노니 분말 덕분일 리 없습니다. 암을 치료하기 위해서 병원에서 항암 치료도 하고 식이요법도 하고 운동도 했을 텐데 유독 비타민 C에만 초점을 맞춰서 말한다면 지나친 과장입니다. 마찬가지로 살을 빼기 위해서 음식을 줄이고 운동도 했을 텐데 유독 노니 분말에만 초점을 맞춰서 말한다면, 노니 분말을 띄우려는 의도가 있겠지요.

사람들이 단 하나의 신비의 성분, 기적의 성분에 열광하는 것은 그것이 아주 쉬운 해결책처럼 보이기 때문입니다. 복잡하고 어려운 방법보다 쉬운 해결책에 매달리는 것은 인간의 본능입니다. 화장품 회사들은 이 점을 잘 알기 때문에 '단 하나의 기적의 성분'을 자꾸 꾸며 내서 우리에게 내밉니다.

그러나 그런 성분은 결코 없습니다. 화장품으로는 결코 기적을 만들 수 없기 때문입니다. 사람은 25세 이후부터 서서히 노화하기 시작합니다. 신체의 모든 기능이 점점 약해지고 퇴화하게 됩니다. 피부 역시 마찬가지입니다. 어떤 성분도 이런 자연의 흐름을 막을 수 없습니다.

화장품 전문가로 유명한 미국의 폴라 비가운은 "좋은 화장품은 단 하나의 기적의 성분이 들어 있는 제품이 아니라 여러 가지 성분이 균형을 이룬 제품"이라고 말합니다. 편식을 하면 좋지 않듯이 피부도 마찬가지입니다. 어느 한 성분에 편중된 것보다 좋은 성분이 골고루 들어 있는 화장품이 좋습니다.

#7
'첨단 과학 화장품'이
피부를 바꿀 수 있을까?

한때 화장품에 '진짜 세포'를 넣었다고 주장하는 티브이 광고가 있었습니다. 현미경으로 들여다보면 세포의 모양이 그대로 살아 있는 것을 확인할 수 있다는 내용이었습니다. 보통 셀(cell) 화장품에는 세포 배양액이나 세포 추출물이 들어가는데 자기네 회사에서는 세포를 통째로 넣어 생명력과 에너지를 그대로 살렸다는 주장을 펼쳤습니다.

세포를 통째로 넣으려면 어려운 기술이 필요한 것은 사실입니다. 우선 식물 세포를 건강하게 배양해야 하고 세포를 상처 내지 않고 하나하나 분리할 수 있어야 합니다. 모양을 그대로 유지한 채 배합하는 기술도 필요합니다.

그런데 여기서 우리는 중요한 질문을 던져야 합니다. 과연 그렇게 해서 세포를 통째로 피부에 바르면 대단한 효과가 있을까요?

생명력과 에너지가 살아 있어서 엄청난 노화 방지 효과가 생길까요? 전혀 그렇지 않습니다. 통째로 바르건 배양액이나 추출물을 바르건 영양 성분이 비슷하기 때문에 효과도 비슷합니다.

생명력과 에너지가 살아 있다는 말도 엉터리입니다. 생명력과 에너지는 오직 살아 있는 생명체에만 있습니다. 화장품 성분으로 가공되는 순간 세포는 모두 죽습니다. 그냥 죽은 세포 덩어리를 바르는 것입니다.

화장품 회사들은 화장품에 첨단 과학을 적용하면 피부에 대단한 효과가 있다고 주장합니다. 셀, 호르몬, 성장 인자, 줄기세포, 디엔에이(DNA), 아르엔에이(RNA) 등 생명 공학이 적용된 성분을 넣으면 마치 세포가 젊어지고 유전자가 활성화되고 노화가 멈출 것처럼 말합니다.

하지만 이것은 모두 과장입니다. 엄청나게 어려운 기술을 적용해 봤자 피부에 발랐을 때의 효과는 크게 달라지는 것이 없기 때문입니다. 결국 보습, 진정, 항산화, 항노화의 효과가 있을 뿐이고 일반 성분들보다 효과가 더 뛰어나지도 않습니다.

가장 과장이 심한 것은 줄기세포 화장품입니다. 줄기세포는 다양한 조직 세포로 분화할 수 있는 '미분화' 세포입니다. 적절한 조건을 맞춰 주면 어떤 조직으로든 분화할 수 있기에 손상된 조직을 재생시키는 치료법으로 의학계에서 많은 연구가 진행되고 있습니다. 그런데 이런 연구가 결실을 내기도 전에 화장품 회사들은 너도

나도 줄기세포 화장품을 만들고는 이 성분을 신비화하기 시작했습니다. 일부 큰 회사들은 줄기세포 연구 센터를 짓고 지원자를 모집하여 줄기세포를 기증받는 등 온갖 노력을 기울였습니다. 마치 굉장한 생명 공학 연구소 같았습니다.

하지만 막상 이들이 만든 화장품 속에는 줄기세포가 전혀 들어 있지 않습니다. 화장품법에 의해 인체 조직 및 인체 세포는 화장품에 넣을 수 없기 때문입니다. 결과적으로 이들이 넣은 것은 줄기세포가 아니라 줄기세포를 키우는 데 쓰이는 배양액입니다. 여기에는 무기염류, 아미노산, 각종 비타민, 포도당 등이 들어 있고, 배양 과정에서 줄기세포가 내뱉는 여러 분비물이 들어 있습니다. 성분으로 볼 때 그냥 좋지도 나쁘지도 않은 화장수 정도입니다. 화장품 회사들은 기껏 평범한 화장수 하나를 개발하기 위해 그 난리를 피운 것입니다.

설사 줄기세포를 화장품에 넣을 수 있다 해도 효과가 있을 리 없습니다. 줄기세포가 피부 세포로 분화하려면 살아 있는 상태여야 하는데 화장품의 공정 과정에서 이미 죽어 버린 줄기세포가 이런 역할을 해 내기를 바라는 것은 터무니없는 기대입니다.

디엔에이와 아르엔에이를 넣었다는 화장품도 마찬가지입니다. 이론은 그럴듯하지만 따지고 보면 아무 실체가 없습니다. 디엔에이 핵산을 바른다고 해서 우리의 유전자가 젊어지고 왕성하게 세포를 복제할 수 있을까요? 아르엔에이를 피부에 바른다고 해서 디엔에이의 능력이 더 좋아지고 젊은 세포가 만들어질 수 있을까요? 유전 공학으로 세포에 직접 이식을 해도 할 수 없는 일을 어떻게 화장품이 해낼 수 있을까요? 디엔에이와 아르엔에이는 영양학적으로는 그저 인산기와 염기가 있는 단당류 탄수화물입니다. 피부에 바르면 보습 효과가 있을 뿐입니다.

그러니 일부 화장품 회사들이 벌이는 '유전자 분석을 통한 맞춤 화장품' 사업은 그야말로 헛수고입니다. 개인의 유전자를 분석해서 피부 상태에 맞는 화장품을 맞춤으로 만들어 주겠다는 것인데, 도대체 유전자 분석으로 피부에 대해 무엇을 알 수 있다는 건지, 무슨 특별한 성분을 넣을 수 있다는 건지 황당하기만 합니다. 피부 상태는 굳이 유전자를 분석하지 않아도 맨눈으로 파악할 수 있습니다. 게다가 유전자 정보를 알아 봤자 피부에 필요한 성분은 보습, 항산화, 진정 등을 돕는 성분이 전부이고 이는 기성 제품에도 이미 충분히 들어 있습니다.

이처럼 첨단 과학을 화장품에 접목하려는 노력은 참으로 쓸데없는 낭비입니다. 화장품 회사들도 이 사실을 모르지 않습니다. 식약처도 모르지 않습니다. 그럼에도 불구하고 사업을 벌이고 또 그것을 허용해 주는 것은, 이것이 성장 가능성이 높기 때문입니다.

기술이 미래를 바꾸는 것은 사실입니다. 스마트폰이 우리의 일상을 얼마나 순식간에 바꾸었는지 우리는 이미 경험했습니다. 앞으로 증강 현실, 브이아르(VR), 스리디(3D) 프린터 등의 기술이 일상으로 파고들면 또 어떤 변화가 일어날지 상상만 해도 벅찹니다.

하지만 그때가 되어도 화장품은 지금과 큰 차이가 없을 겁니다. 에스에프(SF) 영화에서 상상하는 것처럼 화장품으로 흉터가 사라지고 주름이 순식간에 팽팽하게 펴지는 일은 인간의 피부를 진화시키지 않는 이상 일어나지 않을 겁니다. 아무리 과학이 발전한다 해도 우리는 여전히 주름을 걱정하고 틈틈이 팩과 마사지를 하며 살 것입니다. 저는 첨단 과학으로 노화를 멈추는 것보다 이것이 훨씬 인간적이라고 생각합니다.

4부

상식과
진실 사이,
틈이 있다

#1
남자는 남자 화장품만 써야 할까?

　화장품 가게에 가면 남자 화장품만 모아 둔 코너가 따로 있습니다. 남자용 토너, 남자용 로션, 남자용 자외선 차단제, 남자용 비비크림, 심지어 남자용 메이크업 세트까지 나와 있습니다.

　과연 남자는 남자 화장품만 써야 하는 걸까요? 피부 과학으로 보면 그래야 하는 근거가 전혀 없습니다. 화장품을 고르는 기준은 피부 타입이나 취향 등에 따라 달라지지 성별에 따라 달라질 이유는 없습니다.

　흔히 남자는 여자보다 피지 분비가 많고 모공이 크기 때문에 별도의 제품이 필요하다고들 합니다. 하지만 여자 중에도 피지 분비가 많고 모공이 큰 사람은 많습니다. 또한 모든 남자가 피지 분비가 많은 것도 아닙니다. 피부가 건조한 남자도 많습니다. 무엇보다 피지 분비가 많고 모공이 큰 피부라면 남자든 여자든 찾아야 할 화장품이 똑같습니다. 유분이 적은 묽은 모이스처라이저가 남녀 모두에게 적합합니다.

남자는 면도를 하기 때문에 별도의 제품이 필요하다는 주장도 있습니다. 면도 때문에 피부에 작은 상처가 잘 생기고 감염이 될 수 있으므로 남성 전용 애프터셰이브 로션이 필요하다는 논리입니다. 하지만 이것도 따져 보면 의미가 없습니다. 애프터셰이브 로션이 일반 모이스처라이저와 다른 점은 많은 양의 에탄올과 진정 성분뿐입니다. 에탄올은 상처 소독을 위해, 진정 성분은 자극을 가라앉히기 위해 넣었다는 것이 화장품 회사들의 설명입니다. 하지만 면도 때문에 생긴 작은 상처는 굳이 에탄올로 소독하지 않아도 금세 아뭅니다. 그리고 진정 성분은 굳이 남자용이 아니어도 웬만한 모이스처라이저에는 다 들어 있습니다. 면도 후에는 반드시 애프터셰이브 제품을 발라야 한다고 알려져 있지만 그냥 순한 모이스처라이저를 발라도 상관없습니다.

이외에도 각질, 피지, 건조, 주름, 색소, 탄력 저하 등 여자들이 갖고 있는 모든 피부 고민을 남자들도 똑같이 공유합니다. 여자에게 좋은 성분은 남자에게도 좋고 여자에게 필요한 성분은 남자에게도 필요합니다. 그러니 굳이 화장품을 남자용, 여자용으로 구분할 필요는 없습니다. 남자들도 여자 화장품이 마음에 든다면 얼마든지 바를 수 있습니다. 그 반대도 마찬가지입니다.

그럼에도 불구하고 저는 화장품 회사들이 남자용 브랜드를 따로 개발하는 데에는 그럴 만한 이유가 있다고 생각합니다. 과거에는 저도 이것이 불필요한 일이고 상술이라고만 생각했습니다. 하지만 남자들의 입장에서는 만약 남자용 화장품이 따로 없다면 굉장히 혼란스럽겠다는 생각이 들었습니다.

화장품 광고는 수분 크림, 리페어 크림, 안티에이징 크림, 에센스, 세럼, 부스터 등 어려운 말로 가득합니다. 대다수 남자들에게 이러한 용어는 너무 복잡하고 모호합니다. 이런 남자들에게는 그들이 아는 용어로 간단히 설명하는 화장품이 필요합니다. 면도 후 토너, 면도 후 로션, 면도 후 크림, 보습 로션, 자외선 차단제……. 이렇게 기능과 목적에 따른 표현, 즉 언제, 왜 바르는 제품인지 단순하게 설명하는 접근이 필요합니다.

또한 효율적인 쇼핑을 위해서도 남성 전용 화장품이 필요합니다. 만약 남자용 코너가 따로 없다면 남자들은 화장품을 살 때마다 여성용 물건으로 가득 찬 공간을 헤매야 할 겁니다. 이 과정을 즐기는 남자도 있겠지만 불편해하는 남자도 있습니다. 남자들이 화장품 가게에서 편안하게 제품을 비교하며 쇼핑을 즐기기 위해서라도 남자 전용 코너가 필요합니다.

마지막으로 화장품에서 남자와 여자의 요구가 유일하게 갈리는 점이 있습니다. 바로 '향'입니다. 대다수의 여자가 좋아하는 향과 대다수의 남자가 좋아하는 향은 다릅니다. 보통 여자 화장품에서는 꽃, 과일, 달콤한 캔디 같은 향이 나고 남자 화장품에서는 나무,

풀, 사향 등 톡 쏘는 강렬한 향이 납니다. 향은 피부에 미치는 영향은 거의 없지만 하루 동안의 기분과 남들이 나를 바라보는 시각에 영향을 주기 때문에 화장품을 고를 때 매우 중요하게 고려해야 할 요소입니다. 그러니 향 선택권을 다양하게 누리려면 남자들의 취향을 반영한 남성용 화장품이 필요합니다. 물론 '무향' 제품을 구입한다면 이런 고민은 사라집니다.

우리는 남녀 구분 없이 어떤 화장품도 바를 수 있습니다. 그러나 화장품 산업은 주로 여성의 필요와 요구에 맞춰 발전해 왔고 여성 중심입니다. 남자들이 아무런 가이드도 없이 홀로 헤치며 걷기에는 아직 어려운 길입니다. 남자용 화장품은 남자들이 편하게 걸을 수 있는 작은 오솔길과 같습니다. 일단 여기서 시작해서 점점 익숙해지면 남녀 화장품 사이의 경계를 없앨 수 있을 겁니다. 남녀 구분 없이 화장품을 쇼핑하게 될 날이 곧 올 것이라고 생각합니다.

#2
약국 화장품은 더 전문적일까?

약국 화장품이 큰 인기를 누리고 있습니다. 약국 화장품이란 약사, 의사, 제약사 등이 개발한 화장품을 뜻합니다. 피부 과학 (Dermatology)과 화장품(Cometics)의 영어 단어를 합성한 용어인 '더마코스메틱'(DermaCometic)이라고도 불립니다. 과거에는 주로 약국이나 병원에서 팔려서 '약국 화장품' '병원 화장품'이라 불렸는데 요즘은 드러그스토어와 티브이 홈쇼핑 등 다양한 채널을 통해 판매되고 있습니다.

한국코스메슈티컬교육연구소의 조사에 따르면 2018년 현재 약국 화장품의 시장 규모는 5,000억 원대이고 2020년경에는 1조 2,000억 원대로 증가할 것이라고 합니다. 최근 수많은 화장품 회사가 제약사를 인수하고, 또 제약사들이 화장품 사업에 뛰어들고 있어서 약국 화장품의 인기는 상승세를 이어 갈 것이 분명합니다.

어떤 성분도 순하면서
동시에 효과적일 수는 없습니다.

과연 약국 화장품은 우리가 흔히 쓰는 일반 화장품과 다를까요? 약국 화장품 브랜드들은 자신들에게 의료인의 전문성, 제약사만의 특별한 성분과 기술이 있다고 강조합니다. 화장품 회사들은 모르는 더 과학적이고 체계적인 시스템과 지식이 있다고 말합니다.

모두 사실이 아닙니다. 화장품 회사들이 모르는 특별한 화장품 제조 지식이나 기술은 없습니다. 제약사들만 알고 있는 신비한 성분, 더 과학적이고 엄격한 기준이 있는 것도 아닙니다. 사용하는 원료, 사용할 수 없는 원료, 배합 기준, 제조 기준 등이 모두 동일합니다. 약에만 넣을 수 있는 성분을 화장품에 넣는 것을 우리 식약처는 허용하지 않습니다.

약국 화장품으로 유명한 브랜드들을 살펴보면 대부분 민감성 피부, 악건성 피부 등을 겨냥하고 있습니다. 실제로 성분을 보면 피부 장벽을 강화하는 성분과 순한 천연 오일, 항산화 성분을 주로 씁니다. 모두 좋은 성분이지만 지극히 평범한 성분이기도 합니다. 더 전문적이고 안전하다고 말할 수도 없습니다. 시중에서 건성용이나 민감성용으로 판매되는 일반 제품에도 똑같이 들어 있습니다. 결국 약국 화장품은 의료인과 제약사가 개발했다는 점을 이용하여 더 전문적이고 안전하고 효과적이라는 '이미지 마케팅'을 하고 있을 뿐입니다.

사실 이들의 주장은 상식적으로도 말이 안 됩니다. '순하다'라는 것과 '효과적이다'라는 것은 양립할 수 없습니다. '순하다'라는 것은 피부에 미치는 영향이 지극히 적다는 것입니다. '효과적이다'라는 것은 피부에 강한 영향을 끼친다는 것입니다. 어떤 성분도 순하면서 동시에 효과적일 수는 없습니다.

피부가 극도로 예민해져서 피부과에 갔을 때 의사들이 처방해 주는 연고는 대체로 어떤 강한 효과가 있는 것이 아닙니다. 오히려 아무런 약리 성분이 없는 보습 연고를 처방합니다. 예민한 피부는 피부 장벽이 약해진 상태이기 때문에 보습 제품으로 보호막을 만든 뒤 가만히 놓아두는 것밖에 할 수 없기 때문입니다. 사람들은 처방받은 연고에 어떤 효과가 있어서 나아진다고 생각하지만 사실은 피부가 저절로 회복하는 것입니다.

화장품은 화장품 회사가 만들든 제약사가 만들든 그저 화장품일 뿐입니다. 약국 화장품이든 일반 화장품이든 똑같습니다. 큰 기대를 걸지 말고 동일 선상에 놓고 비교하여 선택하는 것이 바람직합니다.

#3
'특허받은 비밀'에 숨은 뜻은?

화장품 광고를 보면 아래와 같은 표현이 자주 등장합니다.

"미백 조성물로 특허 취득에 성공!"

"특허받은 신개념 펩타이드 성분으로 주름이 2주 만에 사라진다!"

"특허받은 비밀 성분이 모공 속의 미세 먼지까지 깨끗이 제거!"

화장품 회사들이 특허를 내세우는 이유는 이것이 대단한 효과가 있다는 의미로 받아들여지기 때문입니다. 특허를 받았다고 하면 뭔가 다른 회사에는 없는 획기적인 기술로 획기적인 효과를 줄 거라는 기대가 생깁니다.

이것은 우리가 특허에 대해 잘못 알고 있어서 생기는 오해입니다. 특허는 상이 아닙니다. 어떤 기술이나 발명품이 대단해서 주는 것이 아니라 단지 '새로워서' 주는 것입니다.

특허는 지금까지 없었던 새로운 기술, 새로운 발명에 대해 그 신규성을 인정해 주고 소유권을 주는 제도입니다. 그래서 특허를 받게 되면 그 발명품을 독점적으로 소유하고 이용할 수 있는 권리를 갖게 됩니다. 만약 다른 사람이 그 발명품을 이용하고 싶어 하면 대가를 받고 이를 허락하거나 권리를 팔 수도 있습니다. 흔히 말하는 라이선스(license)란 특허 사용 허락권을 뜻하고, 로열티(royalty)란 이때 사용 허락을 받은 사람이 특허권자에게 지급하는 값을 뜻합니다.

그러면 왜 특허라는 제도가 생겼을까요? 첫 번째 이유는 기술의 무단 이용을 막기 위해서입니다. A라는 사람이 엄청난 노력을 기울여 어떤 기술을 발명했는데 그것을 B라는 사람이 아무 대가도 내지 않고 이용하면 A는 무척 억울할 겁니다. 이런 일을 그대로 내버려 두면 발명자들의 의욕이 꺾이고 다들 남의 것을 베끼려고만 해서 산업도 성장하기 어려워집니다. 그래서 최초 발명자에게 특허권을 주어서 정당한 이익을 거두게 하는 것입니다.

그런데 특허를 받으려면 A는 그 기술을 대중에게 공개해야 합니다. 언뜻 들으면 이상합니다. 기술을 모두 공개해 버리면 다른 사람들이 따라 할 텐데 왜 공개하게 할까요? 특허권이 만들어진 진짜 목적은 바로 여기에 있습니다. 최초 발명자의 권리를 인정해 주는 대신 대중이 그 기술을 자유롭게 볼 수 있게 하여 더 진보된 기술이 나오도록 북돋는 것입니다. 사람들은 A의 기술을 무단으로 사용할 수는 없지만 그것을 마음껏 들여다보고 연구할 수는 있습니다.

그러니 화장품 회사들이 광고에서 종종 쓰는 '특허받은 비밀'은 말이 안 되는 표현입니다. 특허를 받은 기술은 공개되므로 더 이상 비밀이 아닙니다. 그들에게는 독점적 소유권이 있을 뿐입니다.

기술 경쟁이 아주 첨예한 분야의 기업들은 오히려 핵심 기술의 특허를 받지 않으려고 합니다. 특허를 받으면 기술이 다 공개되어서 경쟁 기업들이 따라잡을 기회를 주는 셈이 되기 때문입니다. 그래서 기업들은 기술에 따라 어떤 것은 특허를 받아 다른 기업들이 무단으로 쓰지 못하게 보호하고, 또 어떤 것은 아예 꽁꽁 숨겨 둡니다. 하지만 그렇게 숨겨 두다가 다른 기업이 먼저 특허를 취득하면 안 되기 때문에 늘 기술 발전 동향에 주의를 기울입니다.

화장품 회사들은 어떨까요? 화학 산업 초기에는 화장품 업계에도 특허다운 특허가 참 많았습니다. 새로운 성분, 새로운 합성 기술, 새로운 추출 기술로 특허를 받았지요. 그때는 화학 산업 자체가 미개척지였기 때문에 새로운 많은 것이 발명되었습니다.

하지만 지금은 이런 일이 거의 없습니다. 더 이상 새로운 성분이 개발되기 어려우며 제조 기술도 모두 공개되어 평준화되었습니다. 특허권은 20년이 지나면 소멸하기 때문에 웬만한 성분과 기술은 이제 모두 공개되어 공공의 지식이 되었습니다. 드물게 나오는 신소재나 신기술 이외에는 특허로 보호해야 할 기술이 거의 없습니다.

그렇다면 지금 화장품 회사들이 갖고 있는 그 수많은 특허는 무엇일까요? 이것은 대체로 기술이나 성분 특허가 아닌 '화장료 조성물' 특허입니다. 화장료 조성물이란 여러 성분을 혼합해 놓은 복합 성분을 뜻합니다. 화장품 성분은 수만 가지에 이르기 때문에 화장료 조성물의 종류는 경우의 수가 무척 많습니다. 특허를 받는 것도 쉬워서 성분의 종류와 배합 비율이 지금까지 특허를 받은 조성물과 겹치지 않으면 얼마든지 받을 수 있습니다.

이렇게 조성물로 특허를 받으면 화장품 회사들은 "특허받은 비밀 성분!"이라며 광고에 띄웁니다. 특허가 기술이나 발명품을 보호하는 수단이 아니라 마케팅 수단으로 활용되는 것입니다.

예를 한 가지 들어 보겠습니다. C라는 회사가 독특한 성분을 내세울 수 있는 클렌저 개발에 나섭니다. 이들이 내세우려는 성분은 '사위질빵추출물'입니다. 이 추출물은 누구나 접근할 수 있는 자연 물질이기 때문에 단독 성분으로는 특허를 받을 수 없습니다. 그래서 C 회사는 이 성분에 여러 가지 한방 성분을 혼합하여 '화장료 조성물'로 특허를 냅니다. 이렇게 해서 순식간에 사위질빵추출물은 특허받은 비밀 성분으로 둔갑합니다. 이들은 광고에 "특허받은 사위질빵 조성물이 미세 먼지까지 제거하여 깨끗한 피부로 만들어 준다."라고 말합니다.

현재 이런 식으로 우리 특허청에 등록된 화장료 조성물 특허는

8,000건에 달합니다. 전체 화장품 관련 특허가 2만여 건인데 그중 무려 40%가 조성물 특허에 몰려 있습니다.

엄밀하게 따지면 이것은 특허권의 취지에 맞지 않습니다. 특허권이 존재하는 이유는 발명을 보호, 장려하고 그것을 이용하게 해서 기술 발전을 촉진하는 것입니다. 그런데 조성물 특허에는 눈을 씻고 찾아봐도 보호해야 할 기술도, 점점 진보되는 기술도 없습니다. 비슷한 조성물을 성분의 종류와 배합 비율만 바꿔서 계속 수만 늘리고 있을 뿐입니다.

그러니 우리는 앞으로 '특허받은 비밀'이나 '특허 성분'이라는 말에 현혹되지 말아야겠습니다. 오늘날 화장품 산업에는 어느 한 회사만 알고 있는 특별한 비밀 성분도 없고 월등히 뛰어난 기술도 거의 없습니다. 대체로는 그저 상술일 뿐입니다.

과학적 증거는 얼마나 과학적일까?

화장품 광고를 보면 이런 표현이 자주 나옵니다.

"48시간 유지되는 보습력!"

"7일 후 빛나는 광채 피부!"

"2주 사용 후 잡티 없이 깨끗해진 피부!"

제품의 효능을 구체적인 숫자로 강조하고 있습니다. 과연 근거가 있는 걸까요?

물론 있습니다. 2011년 8월 화장품법이 개정되면서 우리나라에도 '표시·광고 실증제'가 도입되었기 때문입니다. 이 가이드라인에 의하면 화장품 회사가 제품 포장이나 광고를 통해 어떤 주장을 하려면 반드시 과학적 시험을 통해 그 사실을 증명해야 합니다.

과학 시험을 어떻게 진행해야 하는지 가이드라인도 마련돼 있습니다. 모든 시험은 "20명의 피시험자를 확보"해야 하고, "국내

외 대학 또는 화장품 전문 연구 기관에서 시험"한 것이어야 하며 "5년 이상 해당 분야의 시험 경력을 가진 자의 지도 및 감독하에 수행·평가"되어야 합니다. 이 정도면 꽤 믿음직하게 들릴 겁니다.

하지만 실제로 이들이 제공하는 시험 자료를 보면 좀 엉성합니다. 보습력이 48시간 유지된다는 한 제품의 시험 자료를 보면 20명의 피시험자에게 제품을 바르게 하고 촉촉함이 유지되는 시간을 측정합니다. 어디서부터 어디까지를 '촉촉하다'고 판단한 건지 그 범위가 모호합니다. 피부 자체에서 나오는 피지나 노폐물은 시험 결과에 어떻게 반영했는지도 알 수 없습니다. 결정적으로 다른 회사의 다른 제품을 같은 방식으로 시험해서 비교한다면 얼마나 차이가 있을지 궁금합니다. 과연 다른 제품과 보습력에서 엄청난 차이가 있을까요?

'7일 후 빛나는 광채 피부'라고 홍보하는 한 제품의 시험 자료도 엉성하기는 마찬가지입니다. 20명의 피시험자에게 7일 동안 이 제품을 바르게 한 후 피부의 전후 사진을 비교하자 빛을 반사하는 비율이 증가했다는 것입니다. 과연 이것이 피부가 좋아져서일까요? 혹시 이 제품에 빛을 반사하는 반짝이 성분이 들어 있어서는 아닐까요?

화장품 광고에서 흔히 접하는 과학적 연구 결과, 임상 시험 결과 중에는 실제로 과학적이라고 말하기에는 상당히 부족한 것이 많습니다. 어떤 제품(혹은 성분)의 효과를 정말 '과학적으로' 증명하려면 여러 요건이 충족되어야 합니다.

우선 적어도 100명 이상의 충분한 피시험자가 확보되어야 합니다. 피시험자가 너무 적으면 그 결과를 통계적으로 의미 있다고 해석할 수 없기 때문입니다. 또 대조군이 있어야 합니다. 대조군이란 인위적인 설정이나 조건을 가하지 않은 집단을 뜻합니다. 예를 들어 A라는 성분이 미백 효과가 있다는 것을 과학적으로 증명하려면 똑같은 베이스에 A 성분을 넣은 것과 넣지 않은 크림 두 가지가 필요합니다. A 성분을 넣은 것을 사용하는 집단은 시험군이고, 넣지 않은 것을 사용하는 집단은 대조군이 됩니다. 이 둘 사이에 기미나 주근깨의 양의 변화에서 확연한 차이가 있어야 A 성분이 효과가 있다고 말할 수 있습니다.

한 가지가 더 있습니다. 시험은 더블 블라인드 테스트(double blind test), 즉 이중 맹검법으로 해야 가장 신뢰도가 높습니다. 이것은 시험 대상자도, 시험 진행자도 누가 대조군에 속하고 누가 시험군에 속하는지를 모르고 진행하는 시험 방식을 뜻합니다. 이중 맹검법이 필요한 이유는 효과가 있다는 약을 주며 먹거나 바르게 하면 사람들은 자신도 모르게 그 효과를 믿는 경향이 있기 때문입니다. 이렇게 심리적으로 믿어 버리면 아무 효과가 없는 약인데도 불구하고 효과가 정말 나타날 수 있습니다. 이것을 플라시보(placebo) 효과, 즉 위약 효과라고 합니다. 이중 맹검법은 위약 효과가 나타나는 것을 막기 위한 조치입니다. 시험 진행자까지도 모르게 하는 이유는 그 역시도 A 성분이 들어 있는 크림을 바른 사람들의 피부가 더 하얘질 거라는 기대 심리를 갖고 데이터를 해석할 여지가 있기 때문입니다.

여러분은 언론을 통해 많은 과학 뉴스, 새로운 성분에 대한 시험 결과 등을 접할 것입니다. 이때 그것이 얼마나 신뢰할 만한 뉴스인지를 판단하려면 세 가지를 기억하는 것이 좋습니다. 첫째 피시험자가 충분히 많은가, 둘째 대조군이 있는가, 셋째 이중 맹검법으로 진행되었는가입니다. 세 가지를 모두 충족시키지 않으면 그 시험은 신뢰도가 떨어진다고 말할 수 있습니다.

그렇다면 식약처는 왜 이런 비과학적 시험을 하게 만들고 증거로 인정해 주는 걸까요? 애초의 의도는 소비자를 허위 및 과장 광고로부터 보호하는 것입니다. 아무 근거 없이 주장을 펼칠 수 있게 하면 화장품 회사들이 정말로 '아무 말 대잔치'를 할 수도 있기 때문입니다. 그래서 간단한 시험이라도 해서 효과를 증명하게 하는 최소한의 안전장치를 마련해 놓은 것입니다. 이렇게 하면 적어도 콜라겐을 넣지 않고 "피부 속 콜라겐이 증가한다."라는 식의 허무맹랑한 주장을 펼칠 수는 없게 됩니다.

하지만 뭔가 찜찜합니다. 식약처의 가이드라인이 오히려 화장품 회사들의 홍보 수단이 되었기 때문입니다. 화장품 회사들은 시험 결과를 간단하게 '만져서' "수분감 30% 개선" "보습 효과 48시간 지속" 등의 표현을 얼마든지 만들어 낼 수 있습니다. 심지어 비숫한 시험으로 "168시간 보습 지속!"이라고 광고한 화장품도 있었습니다. '과학적'으로 포장된 데이터, 임상 시험 결과라고 해도 정말 과학적인지 꼼꼼히 따져 보는 습관이 필요한 이유입니다.

#5

동물 실험, 어떻게 봐야 할까?

　화장품이 시장에 나오기 위해서는 안전성을 검증하는 여러 테스트를 거쳐야 합니다. 과거에는 여기에 동물 실험이 포함되는 경우가 많았습니다. 당시로서는 그것이 안전성을 확인하는 가장 확실한 방법이었기 때문입니다.

　검증되지 않은 물질의 특성을 알아내기 위해서는 세포 실험만으로는 부족합니다. 세포 실험이란 실험실에서 동물 혹은 인체 세포를 인위적으로 배양한 뒤 그 세포를 대상으로 독성이나 효능을 알아보는 실험입니다. 이 실험은 세포가 어느 정도까지 자극을 견디는지, 세포에 어떤 변화가 일어나는지 알려 주지만 그것만으로는 생체 전체에 미치는 영향을 파악하기에 부족합니다. 그래서 과학자들은 동물 실험을 통해 살아 있는 생명체에 어떤 영향을 주는지 알아내고 이를 바탕으로 인간에게 적용할 수 있는 함량을 뽑아

낸 뒤에 비로소 임상 시험을 진행했습니다. 1970~80년대까지만 해도 동물 실험은 성분의 안전성을 확보하기 위한 당연한 절차였습니다.

당시 화장품 회사들이 주로 이용한 동물은 토끼, 쥐 등이었습니다. 실험은 이렇게 진행되었습니다. 우선 동물의 피부에서 필요한 부위를 선택하여 털을 밉니다. 그 부위에 일정 기간 동안 성분 혹은 완성된 제품을 발라 피부 침투율, 피부 민감성, 피부 침식성, 급성 독성 등을 알아봅니다. 이 중 급성 독성을 알아보는 실험으로 '드레이즈 테스트'(draize test)가 유명합니다. 이 실험에서는 알비노 토끼의 피부와 눈에 0.5ml 혹은 0.5g의 실험 물질을 바르거나 넣은 후 일정 시간 동안 내버려 둡니다. 그 후 눈과 피부를 씻어 내고 최장 14일간 반응을 살핍니다. 피부의 홍반(붉은 빛의 얼룩점)과 부종의 정도, 눈의 충혈, 붉기, 부기, 궤양, 출혈, 실명 등의 반응을 기록합니다. 만약 이 과정에서 피부와 눈에 돌이킬 수 없는 손상이 일어날 경우 실험 동물을 안락사시킵니다. 손상이 작을 때에는 회복시킨 후 계속 실험에 사용합니다.

이처럼 동물 실험에는 동물의 건강과 생명에 해를 끼치는 잔인한 과정이 포함됩니다. 하지만 과거 동물 실험은 각국 의회와 대중의 전폭적인 지지를 받았습니다. 1930년대 말까지만 해도 마스카라에 들어 있는 콜타르 때문에 몇몇 사람이 실명하는 등 화장품 부작용이 심각했기 때문입니다. 하지만 1960년대부터 인권 의식이 발달하고 70년대에 들어 동물의 권익 보호에도 눈을 뜨면서 동물 실험은 도마 위에 올랐습니다. 인류의 건강과 생명을 위해 불가피하다는 측과, 당장 동물 학대를 멈춰야 한다는 측이 첨예하게 대립했습니다.

1980년대에 이르자 적어도 화장품 분야에서는 동물 실험을 줄이는 쪽으로 방향이 잡혔습니다. 이때부터 업계와 정부, 그리고 과학자들이 꾸준히 노력하여 여러 대체 실험법을 개발하기 시작했습니다. 박테리아나 분리된 세포를 사용하여 생체 효과를 알아보는 방법이나 배양 세포를 활용하는 방법, 축적된 성분 독성 데이터를 활용하여 부작용을 수학적으로 유추하는 방법 등을 생각해 냈습니다. 또 동물 실험이 부득이한 경우 실험에 사용되는 개체 수를 줄이고 고통을 줄이는 방법도 개발했습니다.

이 과정은 쉽지 않았습니다. 대체 실험법 하나를 개발하고 승인받기까지 10년 이상 걸린 경우가 허다합니다. 독성, 자극성, 부식성, 흡수성 등 기존의 모든 실험을 대체할 새로운 실험법을 개발하고 그 신뢰성을 충분히 증명하기까지 30여 년이 필요했습니다. 그 사이 화장품 업계에는 잔인한 동물 실험을 멈추지 않는다는 비판이 계속 이어졌지만, 일부러 그랬던 것은 아닙니다. 동물 실험 없이 안전성을 완벽하게 증명해 낸다는 것이 그만큼 어려운 일이었습니다.

그 노력의 결과, 현재 전 세계 화장품 산업에서는 거의 동물 실

현재 전 세계 화장품 산업에서는
거의 동물 실험을 하지 않고 있습니다.

험을 하지 않고 있습니다. 유럽 연합은 2013년 세계에서 가장 먼저 동물 실험을 전면 금지했습니다. 인도도 2014년에 금지했습니다. 미국은 법으로 규제하지는 않지만 업계 자체의 협약에 따라 동물 실험이 거의 사라졌습니다. 일본 역시 업계가 나서서 동물 실험을 거의 하지 않고 있습니다.

우리나라는 2017년부터 몇 가지 예외적인 경우 이외에는 동물 실험이 금지되었습니다. 예외적인 경우란 국민 보건상 우려되는 원료이거나, 동물 대체 실험법이 존재하지 않아서 다른 방법으로는 안전성을 증명하기 어려운 경우를 뜻합니다. 이것은 새로운 보존제, 새로운 색소, 새로 개발된 자외선 차단 성분, 새로 등장한 첨단 성분 등에 국한되는 것으로 그리 흔하지 않습니다. 예외 조항이 있기는 하지만 실제로 동물 실험은 거의 하지 않는다고 보아야 합니다.

문제는 중국입니다. 중국은 국영 연구소가 수입하는 모든 화장품에 대해 직접 동물 실험을 하고 있습니다. 1989년 만들어진 '중국 화장품 위생 관리 규정' 안에 있는 '동물 실험 의무 조항'이 지금까지 개정 없이 유지되고 있기 때문입니다. 이에 따르면 중국에 수입되는 모든 화장품은 반드시 동물 실험을 거쳐야 합니다. 그래서 중국에 수출하는 화장품 회사는 자동으로 동물 실험을 승인할 수밖에 없습니다.

어떤 사람들에게는 이것이 화장품 선택에 매우 중요한 기준이 됩니다. 동물 실험을 거친 제품은 아무리 효과가 좋고 마음에 든다 해도 절대로 쓰지 않겠다는 사람들이 있습니다. 이들은 화장품 회사들이 국내에서 동물 실험을 하지 않는다 해도 중국에 수출하고 있다면 결국 동물 실험을 허용하는 것이므로 이중적인 태도라고 비난합니다.

반면 이윤을 추구하고 사업을 확장해야 하는 기업의 입장을 이해할 수 있다고 생각하는 사람들도 있습니다. 한류 화장품의 인기가 치솟고 13억 인구의 중국 시장이 넓게 열리고 있는데 기업에서 이를 마다하기는 어려운 일입니다.

동물 실험에 대해 어떤 태도를 취할지는 전적으로 각자의 가치관에 달려 있습니다. 사람의 생각은 다양합니다. 또한 생각이 구매 행동과 반드시 일치하는 것도 아닙니다. 어떤 커피 회사가 인종 차별을 한다는 사실에 분노하면서도, 정작 커피를 마실 때는 그 커피숍에 갈 수도 있습니다. 구매 행동은 반드시 옳고 그름에 의해 결정되는 것이 아니며 당장의 필요와 욕구, 취향, 편리 등에 따라 즉각적이며 충동적으로 이루어질 때가 많기 때문입니다.

또한 화장품 동물 실험은 그렇게 흑과 백으로 분명하게 나뉠 수 있는 문제가 아닙니다. 한때 동물 실험을 하면 나쁜 기업, 하지 않으면 착한 기업으로 분류하는 흐름이 있었습니다. 동물 실험을 하는 기업은 거의 대부분 대기업이고 하지 않는 기업은 대체로 작은 천연 화장품 회사여서, 마치 천연 화장품 회사들이 더 착하고 윤리적인 것처럼 비추어졌습니다.

하지만 그렇게 볼 수만은 없습니다. 천연 화장품 회사들이 동물 실험을 하지 않은 이유는 대체로 할 필요가 없었기 때문입니다. 큰 화장품 회사들은 늘 새 합성 원료, 첨단 성분을 개발하기 때문에 안전성을 검증하기 위해 피치 못하게 동물 실험을 해야 할 때가 있었습니다. 하지만 천연 화장품 회사들은 이미 오래전에 동물 실험을 거쳐서 검증된 원료들만 썼기 때문에 동물 실험이 필요 없었습니다. 동물 실험을 안 하려고 노력한 것이 아니라 동물 실험이 필요 없는 화장품만 만든 것입니다.

이들이 동물 실험 없이도 화장품을 만들 수 있었던 것은 화장품 업계가 오랜 시간 동물 실험을 통해 구축해 둔 성분 자료가 있기 때문입니다. 이런 자료를 이용한다는 점에서 천연 화장품 회사들도 동물 실험에서 완전히 자유로운 것은 아닙니다.

그러므로 동물 실험 여부로 착한 기업, 나쁜 기업을 나누는 것은 무의미한 이분법입니다. 어쩌면 현재 중국에 수출을 하느냐 안 하느냐로 착한 기업과 나쁜 기업을 나누는 것도 무의미할지 모릅니다. 중국에 수출을 안 하는 이유가 정말로 동물 실험을 안 하기 위해서일 수도 있지만, 중국 수출을 추진할 만한 자본과 역량이 부족해서일 수도 있고, 혹은 기업의 이미지 관리를 위한 마케팅 전략일 수도 있습니다. 현재 중국에 수출하지 않는 회사들도 기회가 오면 어떤 선택을 할지 알 수 없습니다.

어쨌든 화장품 동물 실험은 각국의 감독 기관과 과학자, 화장품 회사 들의 노력으로 곧 지구상에서 사라질 것이 분명해 보입니다. 최근에는 중국에서도 변화의 조짐이 일어나고 있습니다. 2014년 중국은 자국 내에서 생산된 일반 화장품의 동물 실험 의무 조항을 삭제했습니다. 수입 제품에 대해서도 글로벌 기업들이 이미 충분히 검토한 원료는 실험을 면제해 주기 시작했습니다. 동물 실험을 없애 달라는 각국 정부의 요청도 쏟아지고 있습니다. 중국 정부가 동물 실험을 금지하게 될 날을 기대해 봅니다.

5부

일상 속
대표적인
피부
고민들

비누로 씻을까,
폼 클렌저로 씻을까?

피부 관리의 기본은 뭐니 뭐니 해도 세안입니다. 하지만 이 첫 단계에서부터 우리는 무엇을 선택해야 할지 몰라 당황하곤 합니다. 여전히 풀리지 않는 의문. 비누로 씻어야 할까요, 폼 클렌저로 씻어야 할까요?

비누와 폼 클렌저의 결정적 차이는 만드는 방법과 세정제에 있습니다. 비누는 '비누화'라는 화학 반응을 통해 만들어집니다. 팜 오일, 코코넛오일, 콩오일, 소기름, 돼지기름 등의 천연 오일에 물을 섞으면 오일이 가수분해(무기 염류가 물과 작용하여 산이나 알칼리로 분해되는 반응.)되면서 글리세롤과 지방산이 생성됩니다. 이때 반응을 촉진하기 위해 흔히 가성 소다라고 불리는 수산화나트륨 (sodium hydroxide, 소듐하이드록사이드)을 넣으면 지방산과 반응하여 세정력을 가진 알칼리 소듐염이 만들어집니다. 바로 이것이 상온에서 고형으로 굳고, 물이 닿으면 거품이 나는 비누가 됩니다.

폼 클렌저는 비누와 달리 여러 성분의 배합으로 만들어집니다. 물과 기름에 세정제를 넣고 글리세린, 지방산 같은 보습 성분과 점도 조절제를 혼합합니다. 이때 사용되는 세정제는 공장에서 합성하여 만들어진 것으로 이온의 계열에 따라 수많은 종류가 있습니다. 비누 소듐염과의 결정적 차이점은 pH 조절제를 사용하여 수소 이온 농도를 조절할 수 있다는 점입니다.

과연 둘 중 어떤 것을 쓰는 것이 좋을까요? 과학은 폼 클렌저의 손을 들어 줍니다. 비누는 여러 실험을 통해 피부를 건조하게 만든다는 사실이 증명되었기 때문입니다. 세안제 속의 세정 성분은 원래 피부 표면의 오염 물질만 제거해야 합니다. 그런데 비누의 알칼리 소듐염은 세정력이 너무 강해서 오염 물질뿐만 아니라 일부 피부 장벽까지 제거해 버립니다.

또 한 가지 문제는 수소 이온 농도입니다. 수소 이온 농도란 물속에 녹아 있는 수소 이온의 활동도를 따지는 것으로, 진할수록 산성, 약할수록 알칼리성이 됩니다. 1~14까지의 숫자로 표현하며 7은 중성, 그 이하는 산성, 그 이상은 알칼리성입니다.

피부 표면은 pH 4~5.5의 약산성을 띕니다. 이러한 약산성 환경은 피부에 이로운 박테리아가 왕성하게 활동할 수 있게 하여 외부 물질에 대한 저항력을 높이고 튼튼한 보습 보호막을 만들어 줍니다. 폼 클렌저는 보통 pH 5~7 사이라서 이 약산성 보호막을 깨뜨

리지 않습니다. 하지만 비누는 보통 pH 9~11의 알칼리성이라서 이 보호막을 곧잘 손상시킵니다.

1995년 『화장품화학자협회저널』에 실린 무커지 박사 팀의 연구를 보면 알칼리성 비누와 약산성 클렌징 바(cleansing bar, 합성 세정 성분이 들어 있는 고형의 폼 클렌저.)를 각각 피부 각질층 단백질에 반응시키자 알칼리성 비누에서 훨씬 활발한 응고 반응이 나타났습니다. 그만큼 표피층을 많이 제거한다고 해석할 수 있습니다.

또 2003년 『세계화장품과학저널』에 실린 유니레버 연구소의 실험에서는 pH 10의 알칼리 비누가 pH 4와 pH 6.5인 다른 세정제보다 각질층을 더 많이 부풀어 오르게 하고 단백질을 파괴하고 온도를 높이는 것으로 나타났습니다. 2012년 『임상피부과학』에 실린 논문에서 이스라엘의 카플란 의대 연구 팀도 비누가 표피의 단백질은 물론 지질과 케라틴을 파괴하고 세포를 부풀어 오르게 하여 예민한 상태로 만든다고 말합니다.

물론 이 실험들은 배양 접시 위에서 이루어진 세포 실험이기 때문에 이런 극단적인 결과가 실제로 비누를 사용할 때 그대로 나타난다고 볼 수는 없습니다. 건강한 피부는 pH 변화를 금세 회복합니다. 장기간 비누를 써도 pH가 정상이라는 연구 결과도 몇몇 있습니다. 2015년 일본 카오사 연구 팀이 5년 동안 비누만 사용한 그룹과 5년 동안 폼 클렌저만 사용한 그룹의 피부 상태를 비교한 결과 pH에 큰 차이가 없는 것으로 나타났다고 합니다.

집에서 직접 만들 수 있다고 해서
천연 세안제인 것은 아닙니다.

우리나라는 과거부터 얼굴을 뽀드득하게 씻는 문화가 많아서인지 비누 애용자가 참 많습니다. 특히 지성 피부나 여드름 피부인 사람은 비누가 피지를 말끔히 제거해 주기 때문에 비누를 더 선호합니다. 또 펌프로 눌러서 내용물을 덜어야 하는 폼 클렌저보다 손만 뻗어서 쓱쓱 문지르면 사용할 수 있는 비누가 편리해서 더 좋다는 사람도 상당히 많습니다.

비누가 수제 공방을 중심으로 더 안전한 천연 세안제로 홍보되는 것도 인기 요인 중의 하나입니다. 하지만 집에서 직접 만들 수 있다고 해서 천연 세안제인 것은 아닙니다. 비누는 '비누화'라는 화학 반응으로 만들어지는 화학 제품이며 그 안의 알칼리 소듐염도 엄연한 화학 계면 활성제입니다. 수제라는 이유로 더 순하고 효과적일 것이라 기대했다면 헛된 믿음입니다.

그렇다면 비누로 씻어야 할까요? 폼 클렌저로 씻어야 할까요? 정답은 없습니다. 저는 비누보다 폼 클렌저를 사용했을 때 피부가 당기지 않고 더 편안해서 폼 클렌저만 쓰고 있습니다. 하지만 비누를 쓰면서 매우 만족하고 좋은 피부를 유지하는 사람들이 있으므로 무작정 폼 클렌저를 권할 수는 없습니다. 여러분 스스로 써 보고 무엇이 내 피부에 맞는지 직접 결정하는 것이 좋습니다.

다만 피부가 이미 건조하고 예민하다면 비누를 피하는 것이 현명합니다. 세안제는 자극이 없는 것이 가장 좋습니다. 다시 말해서 세안 후에 피부가 당기거나 조이거나 메마르는 느낌 없이 촉촉하고 편안해야 합니다. 만약 비누를 사용한 후 더 건조해졌다는 느낌이 든다면 폼 클렌저로 바꾸기를 추천합니다.

사용하기 더 편리해서 비누를 고집한다면 좋은 대체 제품이 있습니다. 시중에는 비누와 똑같이 생겼지만 비누가 아닌 제품이 있습니다. 바로 '클렌징 바'입니다. 이것은 순한 합성 계면 활성제에 지방산, 물 등을 혼합하여 고형으로 굳힌 제품입니다. 보기에는 비누와 똑같이 생겼지만 비누화 반응이 아니라 성분 배합으로 만들어진 엄연한 폼 클렌저입니다.

클렌징 바는 pH 5~7입니다. 보습 성분이 풍부하기 때문에 사용 후 피부가 당기지 않고 촉촉합니다. 건성 피부인데 비누를 쓰고 싶다면 클렌징 바를 사용하기 바랍니다.

'이중 세안'은 필수일까?

화장에 관심을 두면서부터 화장을 지우는 방법에 대해서도 많은 이야기를 들었을 겁니다. 특히 화장을 지울 때에는 반드시 '이중 세안'을 해야 한다는 이야기를 들은 적이 있을 겁니다.

이중 세안이란 클렌징크림, 클렌징 로션, 클렌징 오일 등 오일을 기본으로 한 클렌징 제품으로 얼굴을 문질러 화장을 녹여 낸 후, 비누, 폼 클렌저처럼 물에 씻는 세안제로 한 번 더 씻어 주는 방식을 일컫습니다. 종류가 다른 두 가지 제품으로 두 번 씻는다고 해서 이중 세안이라고 부릅니다.

그런데 우리나라에서는 필수로 알려진 이중 세안을 다른 나라에서는 알지도 못합니다. 한국과 일본을 제외하고는 이중 세안이 필수라고 말하는 나라를 찾아보기 힘듭니다. 오히려 K-뷰티가 유명해지면서 해외에는 이제야 이중 세안이 알려져 한국 여성 특유의 미용법으로 조금씩 퍼져 나가고 있습니다.

해외에서는 전혀 모르는 방식을 왜 우리나라 여자들은 필수라고 생각하게 되었을까요? 화장품 회사들이 그렇게 가르쳤기 때문입니다. 화장품 회사들은 1980년대부터 화장을 지우려면 반드시 두 가지 제품을 다 써야 한다고 광고했습니다. 기름은 기름으로만 지울 수 있기 때문에 반드시 먼저 클렌징크림으로 화장을 녹여 내고 그다음에 폼 클렌저를 사용하여 물로 씻어야 한다고 했습니다. 그때부터 '이중 세안을 하지 않으면 큰일 난다.'라는 생각이 자리 잡게 되었습니다.

그런데 조금만 따져 보면 이것이 얼마나 이상한 주장인지 알 수 있습니다. 설거지를 할 때 세제로 한 번 씻어서 그릇의 기름기가 안 지워지면 한 번 더 씻으면 지워집니다. 손에 기름기가 많이 묻었을 때에도 한 번으로 잘 안 지워지면 두세 번 더 씻으면 됩니다. 기름은 클렌저로도 잘 지워집니다. 단지 기름의 양에 따라 적으면 한 번에 지워지고, 많으면 여러 번 씻어야 하는 것일 뿐입니다.

그러므로 애초에 클렌징크림과 폼 클렌저, 두 가지를 다 써야 했던 것이 아닙니다. 그냥 두 번 씻으면 되었습니다. 화장품 회사들은 이것을 교묘하게 왜곡해서 한꺼번에 두 가지 제품을 쓰게 만든 것입니다.

만약 화장을 지우기 위해 늘 이중 세안을 해 왔다면, 오늘부터 며칠 동안 쓰고 있던 세안제로 두 번 씻어 보세요. 메이크업과 자외선 차단제가 깔끔히 지워지고 피부도 편안해서 깜짝 놀랄 겁니다. 같은 세안제로 두 번 씻는 것이 두 가지 제품을 사용하는 이중 세안보다 번거로움도 훨씬 덜합니다.

물론 이중 세안이 피부에 나쁘다는 뜻은 아닙니다. 사람에 따라서 이중 세안을 더 선호할 수도 있습니다. 어떤 사람들은 폼 클렌저로 두 번 씻기보다 이중 세안을 하면 피부가 덜 건조해지는 것 같다고 말합니다. 또 이중 세안을 하면 메이크업까지 잘 지워지지만 폼 클렌저로 두 번을 씻으면 메이크업 잔여물이 남는 것 같다고 말하는 사람도 있습니다. 주로 피부가 건성일수록, 화장이 짙을수록 이중 세안을 더 선호하는 것으로 나타납니다.

세안에 정답은 없습니다. 무엇이 좋다 나쁘다의 문제가 아니라 선택의 문제입니다. 화장품 회사들의 주장에 끌려다니지 말고 스스로 여러 방법을 시도해 보고 자신의 피부 타입, 취향 등에 따라 자유롭게 선택하기 바랍니다.

#3
자외선 차단제,
날마다 꼭 발라야 하나?

2017년 한국갤럽의 조사에 의하면 우리나라 성인의 자외선 차단제 사용률은 남성은 40%이고 여성은 76%라고 합니다. 특히 30대 여성의 경우는 무려 89%가 자외선 차단제를 필수로 사용한다고 합니다. 미국 성인의 사용률은 남성은 14%, 여성은 30%밖에 안 된다고 하니 우리나라 사람들은 자외선에서 피부를 보호해야 한다는 의식이 매우 강한 것을 알 수 있습니다.

자외선 차단제는 정말 중요합니다. 자외선은 피부 노화를 앞당기는 가장 큰 요인입니다. 자외선 B는 피부 표면에 작용하여 기미, 주근깨 등을 만듭니다. 자외선 A는 파장이 좀 더 길어서 진피에까지 침투하여 탄력을 저하시키고 주름을 만들고 피부암을 유발하기까지 합니다. 그래서 자외선 차단제를 구입할 때는 자외선 B의 차단력을 알려 주는 SPF(Sun Protection Factor)는 물론 자외선 A의 차단력을 알려 주는 PA(Protection of UV-A)까지 잘 살펴서 선택해야 합니다. 보통 날씨와 자외선의 강도, 햇볕에 노출되는 시간을 고려하여 SPF는 20~50 사이를 선택하고, PA는 별 2~4개 사이를 선택하면 적당합니다.

그런데 자외선 차단을 너무 중요하게 생각하다 보니 좀 지나치다 싶을 때가 있습니다. 꽤 많은 사람이 날씨나 외출 여부와 상관없이 매일 자외선 차단제를 바릅니다. 그것도 40~50의 높은 SPF의 제품을 바르고 있습니다.

자외선 차단제는 필수이긴 하지만 매일 꼭 발라야 하는 것은 아닙니다. 하루 종일 집에 있는 날이나 비가 많이 오는 날, 날씨가 무척 흐린 날은 안 발라도 됩니다. 맑은 날이라 해도 집 앞에 잠깐 나갔다 올 때라면 굳이 바를 필요가 없습니다. 잠깐이니 그냥 모자를 쓰고 후다닥 나갔다 오는 것이 훨씬 간편합니다.

날마다 SPF 40~50의 제품을 바르는 것은 정말 지나칩니다. 여름철 이글이글 타는 태양 아래서 하루를 보낸다면 그때는 SPF 50의 제품이 필요합니다. 땀과 물에 잘 지워지기 때문에 덧바를 필요도 있습니다. 하지만 흐린 날이나 외출 시간이 짧은 날은 강한 자외선에 거의 노출되지 않으며 노출 시간도 매우 짧기 때문에 이렇게 높은 SPF의 제품이 필요하지 않습니다.

자외선 차단제를 안 발라도 된다는 뜻이 아닙니다. 그날의 날씨와 햇볕의 세기, 노출 시간 등을 고려해 탄력적으로 선택할 수 있다는 뜻입니다. 날씨가 좋은 봄, 가을, 겨울이라면 SPF 20~30 사이면 충분합니다. 하루의 상당 부분은 실내에 있을 것이고, 그동안에는 자외선 차단제의 효력이 크게 떨어지지 않기 때문입니다.

많은 사람이 자외선 차단제의 효력은 시간이 지나면 저절로 떨어지는 것으로 알고 있습니다. 이것은 절반만 맞고 절반은 틀립니다. 효력이 떨어지는 데에는 시간의 영향도 있지만 더 관련이 깊은 것은 자외선의 강도입니다. 자외선 강도가 셀수록 효력이 빨리 떨어집니다.

예를 들어 똑같이 SPF 20을 발라도 자외선 지수(Ultraviolet Index, 자외선의 강도를 나타내는 지표로 기상청이 날마다 홈페이지를 통해 예보하고 있다.)가 높음(5~7) 단계인 날에는 5~6시간 지속되지만, 보통(3~5) 단계인 날이라면 9~10시간 지속될 수 있습니다. 자외선이 강하지 않아서 효력이 약해지는 속도가 느리기 때문입니다. 또한 햇볕에 노출되는 시간이 적으면 지속 시간은 더 늘어납니다. 즉, 자외선이 보통 단계인 날 SPF 20을 바르더라도 실내에 있는 시간이 많다면 5~6시간이 아니라 더 오래 지속될 수 있습니다.

기상청 데이터에 의하면 서울 지역의 월 평균 자외선 지수는 대체로 11~2월은 '낮음', 3~4월과 9~10월은 '보통', 5~8월은 '높음' 단계를 보입니다. 이를 참고하면 5~8월에는 SPF 30~40을 바르고, 나머지 달에는 SPF 20~30을 바르면 자외선으로부터 피부를 보호하기에 충분합니다. 물론 7~8월 중 자외선 강도가 '매우 높음' 단

자외선 차단제는 필수이긴 하지만
매일 꼭 발라야 하는 것은 아닙니다.

계에 이른 날에는 SPF 40 이상이 좀 더 확실합니다. 하지만 이런 날조차도 외출 시간이 길지 않거나 땀 때문에 어차피 두세 시간마다 덧바를 생각이라면 SPF 30~40으로 충분합니다.

물론 이렇게 복잡하게 계산하느니 그냥 날마다 SPF 40~50을 바르는 게 더 편할 수도 있습니다. 하지만 그렇게 하면 몇 가지 점에서 피부에 부담이 될 수 있습니다.

첫째, 바르는 양이 피부에 부담을 줍니다. 자외선 차단제가 효력을 발휘하기 위해서는 피부 면적 $1cm^2$당 2mg을 발라야 합니다. 2010년 식약처 발표에 따르면 한국 성인의 평균 얼굴 피부 면적은 여성은 $371cm^2$, 남성은 $419cm^2$라고 합니다. 이를 바탕으로 얼굴 자외선 차단제 1회 사용량을 계산하면 여성은 0.74g, 남성은 0.84g이 나옵니다. 이것은 우리가 보통 바르는 모이스처라이저 1회 사용량의 서너 배에 이르는 양입니다.

이렇게 많은 양의 화장품을 한꺼번에 바르는 것은, 건성 피부에는 괜찮을지 몰라도 지성 피부와 여드름 피부에는 문제가 됩니다. 바르는 양이 많을수록 피지, 각질과 결합하여 모공을 막을 위험이 높아지기 때문입니다. 이런 피부라면 흐린 날, 비오는 날, 외출하지 않는 날에 자외선 차단제를 거르는 것만으로도 피부에 주는 부담을 한결 줄일 수 있습니다.

둘째, SPF가 높을수록 자외선 차단 성분의 함량이 많아져서 불편함이 증가합니다. 자외선 차단 성분은 광물질인 '무기'와 합성

물질인 '유기'로 나뉩니다. '무기'는 흰색을 띠는 끈끈한 광물 가루라서 많이 넣을수록 질감이 뻑뻑하고 얼굴이 하얘지는 '백탁 현상'이 일어납니다. '유기'는 벤젠 고리를 포함하는 휘발성 물질이라서 많이 넣을수록 피부 자극이 증가하고 눈을 시리게 합니다. 보통 SPF 50을 만드는 데에 자외선 차단 성분이 20~30%가 들어갑니다. 반면에 SPF 30은 7~15%만 들어갑니다. 그래서 SPF 50보다 SPF 30이 바르기가 훨씬 편하고 밀림, 백탁, 눈 시림 등의 증상도 덜합니다.

셋째, SPF가 높을수록 세안할 때 잘 지워지지 않습니다. 자외선 차단제는 바르는 양이 워낙 많은 데다가 얼굴에 밀착하여 달라붙는 성질이 있어서 한 번 세안으로는 잘 지워지지 않습니다. 똑같은 조건에서 세안할 때 SPF 15보다는 30이, 30보다는 50이 잔여물이 많이 남습니다. 말끔히 지우려면 세안을 두세 번 해야 하는데 이것이 피부에 자극이 될 수 있습니다. 또한 잔여물이 많이 남으면 기초 제품의 흡수력이 떨어지는 문제점도 생깁니다. 이처럼 여러 면에서 높은 SPF의 자외선 차단제는 부담이 됩니다.

생활 패턴으로 볼 때 청소년 여러분은 자외선 차단제를 날마다 바를 필요가 없으며 높은 지수를 바를 필요는 더더욱 없습니다. 여러분은 대부분 자외선이 그다지 강하지 않은 아침 일찍 학교에 갑니다. 그 뒤에는 줄곧 실내 생활을 하지요. 체육 시간에도 운동장보다는 체육관을 이용하는 학교가 많습니다. 쉬는 시간에 야외 운동장에서 스포츠를 하는 학생이라면 적어도 SPF 30을 바르는 것이 좋습니다만, 그 외에는 SPF 20 정도면 충분합니다. 저녁 늦게까지 거의 야외 활동이 없다면 아예 안 발라도 괜찮습니다.

만약 오후 3~4시경에 수업을 마치고 걸어서 학원으로 이동한다면, 그때 SPF 20 정도의 자외선 차단제를 바르는 것도 좋은 선택입니다. 자외선 차단제가 안정적인 효과를 내려면 바르고 20분 정도가 필요하므로 시간을 잘 계산해서 미리 바르면 좋습니다.

저는 SPF 20과 30의 두 가지 자외선 차단제를 구입하여 그날그날의 상황에 따라 선택하고 있습니다. 여러분도 자신의 생활 패턴에 맞춰 스스로 현명하게 조절하기 바랍니다.

#4 화장품 때문에 비타민 D가 부족해

2014년 질병관리본부가 국민 건강 영양 조사를 실시한 결과 성인 72%가 혈중 비타민 D 농도가 기준치보다 낮은 것으로 나타났습니다. 비타민 D 결핍으로 치료를 받은 환자의 수도 2010년 3,000명에서 2014년 3만 1,000명으로 10배 가까이 늘었습니다.

청소년에 대한 조사 결과도 좋지 않습니다. 2010~2012년 조사에 따르면 청소년의 78%가 비타민 D 부족으로 나타납니다. 특히 남학생보다 여학생이 심각합니다. 또 초등학생보다는 중학생이, 중학생보다는 고등학생이 더 심각한 것으로 나타났습니다. 학년이 올라갈수록 야외 활동이 줄어들고 입시 준비로 실내에서 공부하는 시간이 늘기 때문에 비타민 D 결핍이 더 심화된다고 볼 수 있습니다.

과거에는 비타민 D 결핍은 상상도 못 했던 일입니다. 비타민 D

는 햇볕을 충분히 쬐면 몸속에서 자연적으로 만들어집니다. 예전에는 다들 햇볕 아래서 걷고 놀고 일하며 생활했기에 비타민 D가 충분히 합성되었습니다. 비타민 D가 이렇게 부족하다는 것은 한국인들이 전반적으로 야외 활동이 매우 부족하다는 사실을 말해 줍니다.

그런데 그 외에도 한 가지 원인이 더 지적됩니다. 바로 자외선 차단제입니다. 야외 활동이 절대적으로 부족한데 그 짧은 활동 시간마저 자외선 차단제를 바르고 나가기 때문에 비타민 D가 합성될 기회가 더 줄어든다는 것입니다.

비타민 D가 모자라면 어떤 일이 일어날까요? 성장기에는 매우 심각한 일이 일어납니다. 비타민 D는 혈중 칼슘과 인의 수준을 조절하는 역할을 합니다. 그래서 성장기에 비타민 D가 모자라면 이 역할이 제대로 이루어지지 않아 뼈가 구부러지고 휘는 증상이 나타날 수 있습니다. 이것이 구루병입니다. 성인의 경우 골다공증 등 뼈가 약해지는 질환이 생깁니다. 작은 충격에도 쉽게 부러지고 잘 아물지 않고 변형될 수도 있습니다.

면역력이 떨어진다는 보고도 있습니다. 바이러스나 세균이 침입하면 비타민 D가 항균 물질의 분비를 촉진해야 하는데 이 기능이 제대로 작동하지 않아 면역력이 떨어지는 것입니다. 그래서 비타민 D 부족이 감기, 결핵, 폐렴 등 각종 호흡기 질환의 위험을 높인다는 연구 결과가 있습니다. 이 밖에도 암, 우울증, 비만, 당뇨,

고혈압, 고지혈증과 관련이 있다는 주장도 있습니다. 그래서 청소년의 단체 급식에 비타민 D 영양제를 매일 포함시키자고 주장하는 의사도 있습니다.

비타민 D 보충제를 먹는 것도 해결책이긴 합니다. 하지만 저는 더 본질적인 접근이 낫지 않을까 생각합니다. 애초에 비타민 D 결핍이 심화된 이유는 우리 모두가 야외 활동을 너무 적게 하기 때문입니다. 비타민 D는 햇볕에 팔다리를 내놓고 30분 정도만 걸으면 체내에서 쉽게 합성됩니다. 그러니 다들 밖으로 나가 하루에 30분만 걸으면 저절로 해결될 문제입니다.

청소년은 등·하굣길, 체육 시간, 점심시간, 학원에 오가는 길에 햇볕을 쬐며 걸으면 이 문제를 쉽게 해결할 수 있습니다. 물론 얼굴 피부는 얇아서 쉽게 탈 수 있으므로 얼굴에는 자외선 차단제를 발라도 좋습니다. 그러나 자외선이 지나치게 강하지 않다면 맨팔다리를 내놓고 30분 정도 걷는 것은 전혀 해가 되지 않습니다.

비타민 D의 합성은 피부에 존재하는 7-디하이드로콜레스테롤이라는 물질이 약 270~300nm(나노미터·100억 분의 1미터.) 파장의 자외선에 반응하여 탄소 원자 일부가 떨어져 나가면서 이루어집니다. 대기 중 자외선의 양과 피부 속 콜레스테롤의 양, 그리고 이 둘의 합성 효율을 따져 계산해 볼 때, 몸에 필요한 비타민 D를 얻기 위해서는 적어도 주 2일 30분 이상 팔다리를 내놓고 산책해야 한다고 과학자들은 말합니다. 2018년 충남대 대기과학과 이윤곤 교

수 팀이 내놓은 연구 결과에 의하면 6~8월 서울 지역을 기준으로 하루 26~41분이 비타민 D를 생성하기에 충분한 산책 시간이라고 합니다. 자외선이 약하고 팔다리를 노출하기 어려운 겨울철에는 1시간 28분에서 2시간 14분이 권장 산책 시간이라고 합니다.

청소년인 여러분에게는 비타민 D가 뼈 성장에 필수이기 때문에 더욱 중요합니다. 얼굴이 탈까 봐 걱정하느라 실내에만 틀어박혀 있기보다는 틈틈이 햇볕 아래에서 걷기를 권합니다. 자외선 차단제를 사용할 때 이 점을 고려해서 균형을 찾는 것이 좋습니다.

#5
화장품이 여드름을
치료할 수 있을까?

10대들이 가장 걱정하는 피부 질환은 단연 여드름일 것입니다. 여드름이 나면 화장품을 고르는 것 자체가 매우 고단한 일이 됩니다. 잘못 발랐다가는 여드름이 심해질 수 있으니 쉽게 고르기가 어렵습니다. 인터넷에는 '여드름 피부가 피해야 할 성분 30' '모공을 막는 성분 65가지' 등의 목록이 돌아다닙니다. 한두 가지도 아니고 이렇게나 많은 성분을 피해야 한다니 골치가 아픕니다. 성분표를 들여다보며 아무리 거르고 걸러도 한두 가지는 꼭 걸립니다. 어쩔 수 없이 바르면 여지없이 여드름이 납니다. 도대체 여드름이 나지 않는 화장품은 어디에 있는 걸까요?

안타깝게도 그런 화장품은 없습니다. 여드름이 나는 피부라면 뭘 발라도 여드름이 납니다. 많은 사람이 화장품 때문에 여드름이 난다고 생각하지만 며칠 화장품 사용을 중단해 보면 알 수 있습니다. 안 발라도 여드름은 계속 납니다. 여드름은 호르몬에 의한 왕성한 피지 분비, 과잉 각질 등 피부 자체의 문제 때문에 발생합니다. 즉 여드름은 화장품이 나빠서 발생한다고 볼 수 없습니다.

또한 어떤 특정 성분이 여드름을 유발한다고 볼 수도 없습니다. '모공을 막는 성분' '여드름을 유발하는 성분' 등의 목록을 보면 화장품에 흔히 들어가는 오일, 왁스, 유연화제, 계면 활성제, 지방산과 지방알코올이 적혀 있습니다. 이런 성분들은 기름이라서 많이 바르면 당연히 여드름에 좋지 않습니다. 결국 기름 성분은 다 피하라는 뜻인데, 그건 화장품을 바르지 말라는 말과 똑같습니다. 화장품은 기름 성분 없이 만들어질 수 없기 때문입니다.

중요한 것은 이런 성분이 들어갔느냐 안 들어갔느냐가 아니라 '얼마나' 들어갔느냐입니다. 코코넛오일은 모공을 막는 성분으로 알려져 있지만 모이스처라이저 속에 고작 1~2%만 들어 있다면 이것 때문에 여드름이 날까 봐 걱정할 필요는 없습니다. 마찬가지로 시어버터, 미네랄오일도 모공을 막는 성분으로 알려져 있지만 겨우 1~2% 들어간 것으로 여드름을 유발한다고 볼 수 없습니다.

실제로 모공을 막는다고 알려진 화장품 성분이 반드시 여드름을 유발하는 것은 아니라는 사실을 증명한 실험이 있습니다. 2006년 미국 노스캐롤라이나주에서 일하는 의사 드랠로스 박사는 여드름이 잘 나는 12명을 대상으로 실험을 진행했습니다. 등 부위에 총 3곳을 정하여 한쪽에는 모공을 막는다고 알려진 성분을

100% 농도로 바르고, 또 한쪽에는 모공을 막는 성분이 조금씩 들어 있는 시중의 제품을 바르고, 나머지 한쪽에는 아무것도 바르지 않았습니다. 4주 후 비교했을 때 100% 농도로 바른 부위는 여드름이 90% 가까이 증가했지만, 시중의 제품을 바른 부위와 아무것도 안 바른 부위는 모두 10~30% 정도 증가하는 데에 그쳤습니다. 둘 사이에 거의 차이가 없다는 것은 이 성분들이 조금씩 들어간 화장품과 여드름 사이에는 거의 관계가 없다는 뜻입니다.

따라서 여드름 피부에 적합한 화장품을 고르기 위해 굳이 성분표를 보며 특정 성분을 피할 필요는 없습니다. 그냥 가장 가볍고 묽은 제품을 찾으면 됩니다. 로션이나 크림보다는 묽은 액체, 젤 등의 질감을 가진 화장품이 여드름에 적합합니다. 묽을수록 기름 성분이 적게 들어 있기 때문입니다.

시중에 여드름 및 지성 피부용으로 판매되는 제품들은 모두 기름 성분이 적은 묽은 제품입니다. 특히 '논코메도제닉'(Non-Comedogenic)이라고 적혀 있다면 시도해 볼 만합니다. 논코메도제닉이란 '여드름을 유발하지 않는' 제품이라는 뜻입니다. 물론 이 문구는 정확한 법적 기준이 없으며 효력을 보장하는 것도 아닙니다. 하지만 적어도 화장품 회사가 이 문구를 사용한다면 자극적인 성분을 배제하고 최대한 묽게 만들었다는 뜻이므로 사용해 보아도 좋습니다. 복잡한 성분표에 얽매이기보다 광고에서 제공하는 정보와 상식, 감각을 이용해 편안하게 화장품을 골랐으면 합니다.

여드름 관리에 도움이 되는 제품들

여드름 피부에는 최대한 묽은 제품이 좋다고 했지만, 그렇다고 묽은 제품이 여드름을 없애 준다는 뜻은 아닙니다. 화장품은 여드름을 없애는 치료 효과를 위해 바르는 것이 아니라 피부를 보호하기 위해 바르는 것입니다. 지성·여드름 피부라도 세안 후 피부가 많이 당기고 조인다면 피부를 보호해 줄 보호막이 필요합니다. 그래서 얼굴에 영양분을 공급하고 수분이 날아가지 않도록 가장 묽은 제품을 발라 얇은 막을 씌우는 것입니다.

여드름으로 고민하는 많은 사람이 화장품을 탓하고 또 화장품으로 문제를 해결하려고 합니다. 하지만 화장품으로 근본적인 문제를 해결할 수는 없습니다. 이 사실을 인정하는 것만으로도 부질없는 소비와 끝없는 '희망 고문'을 멈출 수 있습니다. 증상이 심각하다면 화장품에 기대지 말고 반드시 병원에 가서 치료를 받아야 합니다.

그렇다면 화장품은 여드름에 아무 도움이 안 되는 걸까요? 그렇지는 않습니다. 화장품으로 여드름을 치료할 수는 없지만 여드름 관리에 도움이 되는 제품들은 여럿 있습니다. 아래 그 제품들을 정리해 보았습니다.

여드름용 세안제

2018년부터 여드름용 세안제도 기능성 인증을 받을 수 있게 되었습니다. 여드름 기능성 폼 클렌저는 일반적인 지성 피부용 세안제에 살리실산(salicylic acid)이 들어간 제품입니다. 살리실산을 넣는 이유는 이 성분이 피부 표면뿐만 아니라 모공 속까지 스며들어 각질을 녹이는 효과가 있기 때문입니다. 여드름의 원인 중 하나가 모공 속에 쌓여 있는 각질이므로 각질을 제거하면 어느 정도 여드름에 도움이 됩니다.

물론 큰 도움은 아닙니다. 살리실산이 제대로 각질을 녹여 내려면 제품의 수소 이온 농도가 pH 3~4 정도여야 하는데 대부분의 클렌저는 pH 5~7로 만들어집니다. 또 살리실산이 작용하려면 몇 분 정도 시간이 필요한데 클렌저는 30초 정도 문지른 후 곧바로 씻어 내기 때문에 큰 효과를 기대하기 어렵습니다.

그럼에도 여드름 피부라면 여드름용 기능성 세안제를 권합니다. 이것이 그나마 시행착오를 줄이는 방법이기 때문입니다. 즉,

피부를 건조하게 만드는 비누나 세정력이 강한 폼 클렌저, 혹은 너무 많은 유분을 남기는 건성용 세안제보다는 '여드름용'이라고 적혀 있는 제품을 고르는 것이 잘못 고를 확률이 훨씬 낮습니다.

과거에는 여드름용 세안제를 만들 때 피지를 제거하는 데에 지나치게 집중하여 세정력이 너무 센 경우가 많았습니다. 세정력이 세다는 건 세정 성분이 자극적이라는 뜻이고, 이렇게 자극을 받으면 피부는 붉고 건조해져서 더욱 많은 피지를 분비하고 각질을 형성합니다. 그러면 여드름이 악화됩니다. 여드름 전용 세안제가 오히려 여드름을 악화시키는 경우가 많았던 이유입니다.

하지만 지금은 이 문제가 거의 개선되었습니다. 이제 화장품 회사들은 여드름 전용 클렌저에 강한 세정 성분을 쓰지 않는 것이 훨씬 효과적이라는 것을 잘 압니다. 많은 여드름용 세안제의 성분표를 살펴보았는데 대부분 세정 성분이 순한 것을 확인할 수 있었습니다. '데실글루코사이드'(Decyl Glucoside), '코카미도프로필베타인'(Cocamidopropyl Betain), '소듐코코암포아세테이트'(Sodium Cocoamphoacetate), '소듐코코일이세티오네이트'(Sodium Cocoyl Isethionate), '소듐라우로일사코시네이트'(Sodium Lauroyl Sarcosinate) 등이 여드름에 적합한 순한 세정 성분이고 이외에도 많습니다.

물론 우리는 성분표를 보지 않고 사용감만으로도 좋은 세안제를 고를 수 있습니다. 좋은 세안제는 세안 후 아무것도 안 바른 상태에서도 얼굴이 심하게 당기거나 조이지 않고 편안한 제품입니다. 얼굴이 뽀드득할 정도로 피지를 완전히 제거하면 개운하기는 하겠지만 피부가 너무 건조해져서 여드름 피부는 물론 어떤 피부에도 좋지 않습니다.

또한 피부에 뭔가 남은 듯한 기분이 든다면 유분이 지나치게 많이 남았다는 뜻이므로 이 역시 여드름 피부에 적합하지 않습니다. 세안 후 말끔한 느낌을 주면서 너무 당기지도 조이지도 않는 제품이 여드름 피부에 가장 좋은 세안제입니다.

각질 제거 제품

주기적으로 각질을 없애는 것은 여드름을 관리하는 데에 상당히 도움이 됩니다. 화장품에는 각질을 제거하는 다양한 제품이 있습니다. 스크럽, 필링 젤(Peeling Gel), 고마주(Gommage), 아하 젤(AHA Gel), 아하 필(AHA Peel) 등이 대표적입니다.

이 중에서 가장 권하고 싶지 않은 것은 스크럽 제품입니다. 스크럽 제품에는 작은 곡물 알갱이나 설탕 가루, 커피 가루 등이 들어 있습니다. 얼굴에 마사지하면 알갱이가 피부를 마찰하면서 각질층이 떨어져 나오게 하는 원리입니다. 효과는 있지만 그만큼 자극이 강하기 때문에 예민한 여드름 피부에는 좋지 않습니다. 집에서 민간요법으로 설탕이나 소금에 오일을 섞어 문지르는 경우도 있는데 이 역시 피부에 상처를 남길 수 있기 때문에 좋지 않습니다.

필링 젤과 고마주는 바르고 문지르면 각질이 때처럼 밀려 나오는 제품입니다. 때가 전부 각질은 아니고 제품 안에 들어 있는 성분이 각질과 함께 뭉쳐져서 점점 커진 것입니다. 마찰이 심하지 않기 때문에 아주 순하게 각질을 제거할 수 있습니다. 다만 최대한 손가락에 힘을 빼고 부드럽게 마사지해야 하며, 너무 자주 해서는 안 됩니다.

아하 젤, 아하 필은 AHA라는 성분이 들어 있는 제품입니다. AHA는 알파하이드록시애씨드(Alpha Hydroxy Acid)의 약자로 과일과 젖당에서 추출하는 유기산을 뜻합니다. 한 가지가 아니라 여러 가지 종류가 있는데 글라이콜릭애씨드(Glycolic Acid)와 락틱애씨드(Lactic Acid)가 대표적입니다. AHA는 화장품에 소량 첨가하면 보습 효과가 있고 4% 이상 첨가하면 각질을 제거하는 효과가 있습니다. 단 pH가 반드시 3~4에 맞춰져야 효과가 있기 때문에 제품을 구입하기 전에 제조사에 pH가 얼마인지 문의하는 것이 좋습니다.

아하 제품은 필링 젤, 고마주와는 달리 바르고 놓아두는 화장품입니다. 세안 후 맨얼굴에 바르고 2~3분 정도 놓아둔 후 그 위에 다른 기초 제품을 바르면 됩니다. 아하 성분이 잘 맞는 사람이라면 즉각적으로 피부가 매끄러워지는 것을 느낄 수 있습니다. 하지만 사람에 따라서 큰 효과를 보지 못하는 경우도 있습니다.

이외에 BHA, PHA 제품도 있습니다. BHA는 앞서 말한 살리실산을 뜻하고 PHA는 분자가 더 큰 AHA를 뜻합니다. AHA와 마찬가지로 발라 두면 각질이 녹아서 사라지는 원리입니다. AHA, BHA, PHA 등을 혼합하여 만들어진 제품도 있습니다. 역시 효과가 있으려면 pH 3~4의 조건을 갖춰야 하기 때문에 제조사에 문의하고 구입하는 것이 좋습니다.

여러 제품을 시도해 보고 본인에게 가장 잘 맞는 각질 제거 제품을 찾기를 바랍니다.

여드름 피부에는 어떤
메이크업이 좋을까?

여드름이 심한 피부는 피지 분비가 많으므로 되도록 묽은 제품을 바르는 것이 좋으며 여러 제품을 바르지 않는 것이 최선입니다. 그런데 여드름 피부를 가진 이들이야말로 가장 절실하게 메이크업을 원하기 마련입니다. 붉은 흉터와 울퉁불퉁한 여드름을 가려서 가능한 깔끔하고 맑은 피부로 보이고 싶기 때문입니다.

그러니 정말 고민입니다. 여드름을 가리려면 파운데이션도 필요하고 컨실러도 필요합니다. 커버력이 좋아야 하니 더욱 무겁고 크리미한 제품을 찾게 됩니다. 그런데 그럴수록 모공을 막아 여드름이 악화될 가능성이 더 높아집니다. 어쩌면 좋을까요?

우선 생각을 전환할 필요가 있습니다. 두꺼운 화장은 여드름을 잘 감춰 주는 것이 아니라 오히려 더 돋보이게 할 수 있습니다. 화장은 두꺼울수록 피부에 밀착되지 못하고 뜨기 때문입니다. 또한 화장이 두꺼우면 얼굴에 뭔가를 뒤집어쓴 듯 부자연스러워 보입니다. 이때 피부에 흉터나 굴곡, 각질이 있으면 그 부위가 얼룩덜룩해서 더욱 눈길을 끌게 됩니다.

사진이나 동영상 촬영을 할 때는 두꺼운 화장이 여드름을 가리는 데에 도움이 됩니다. 조명과 카메라 기술로 피부가 정말 깨끗해 보이게 찍을 수 있기 때문입니다. 하지만 일상생활에서는 그렇지 않습니다. 멀리서는 모르겠지만 가까이서 얼굴을 보고 이야기를 나누는 사람들은 부자연스러운 화장을 눈치채게 되고 어쩔 수 없이 두껍게 들뜬 울퉁불퉁한 여드름에 눈길이 갈 수밖에 없습니다. 따라서 여드름 피부는 두껍게 가리려고 애쓸 것이 아니라 오히려 가벼운 화장을 해야 합니다. 가벼운 화장을 하면 모공을 막을 위험도 줄어드니 여드름에도 더 좋습니다.

우선 파운데이션은 최대한 묽은 것을 골라야 합니다. 제품 포장에 '지성용' '논코메도제닉' '오일프리'(oil-free) 등이 적혀 있는 것이 좋습니다. 커버력이 높은 것보다는 낮은 것이나 중간 정도가 좋습니다. 여드름을 가리는 것이 목적이 아니라 여드름 때문에 생긴 피부의 붉은 기를 가려서 좀 더 편안해 보이는 것이 목적이기 때문입니다.

한 번 바를 때 파운데이션의 양도 너무 많지 않아야 합니다. 많이 바를수록 들뜨고 얼룩덜룩해질 위험이 높습니다. 그런데 바로 이 단계에서 많은 여드름 피부가 좌절하게 됩니다. 적은 양의 묽은 파운데이션을 얼굴 전체에 펴 바르는 것이 쉽지 않기 때문입니다. 바르는 도중에 말라 버리거나 어느 지점에서 뭉쳐서 굳어 버리기 일쑤입니다. 그래서 묽은 것뿐만 아니라 매끄럽게 잘 발라지는 것도 중요합니다. 화장품 회사들은 주로 슬립제와 실리콘계 연화제로 이 문제를 해결합니다. 이 성분들은 제품을 피부 위에 골고루 펴 주어 자연스럽게 피부에 스며들게 합니다. 이 성분들이 들어가면 파운데이션이 에센스나 세럼 같은 제형을 띠게 됩니다. 즉 점도가 약간 있지만 가볍습니다.

만약 파운데이션을 바르는 일이 너무 어렵고 성가시다면, 파우더나 팩트를 추천합니다. 사실 여드름 피부에는 파운데이션보다 파우더나 팩트가 훨씬 좋습니다. 커버력은 떨어지지만 파운데이션처럼 피부를 많이 문지르거나 두드릴 필요가 없는 데다 그 자체로 피지를 흡수하는 기능이 있기 때문입니다. 그래서 자극 없이 바를 수 있고 피부의 번들거림과 붉은 기를 효과적으로 가려 줍니다.

프라이머를 쓰는 것은 어떨까요? 프라이머는 다량의 슬립제와 필러 성분이 주름과 모공을 메꿔 주어 피부 표면을 반들반들하게 만드는 제품입니다. 모공과 주름이 프라이머로 메워지면 그 위에 파운데이션이 결점 없이 훨씬 잘 발라집니다. 또한 피부가 계속 그 상태를 유지하도록 고정해 주는 픽서(fixer) 성분이 있어서 메이크업이 훨씬 오래 지속됩니다. 모공이 크고 잔주름이 있는 피부라면 프라이머로 화장 효과를 극대화할 수 있습니다.

하지만 여드름 피부에 프라이머가 좋을지 안 좋을지에 대해서는 의견이 갈립니다. 결점을 가리는 데에는 도움이 되지만 여드름은 더 악화된다는 의견이 있습니다. 또 시간이 흐르면서 피지가 분비되기 시작하면 오히려 화장이 무너지면서 더 지저분해 보인다는 의견도 있습니다. 이 문제는 정답이 없습니다. 사람마다 피부가 다르고 사용하는 제품이 다르기 때문입니다.

여드름 피부인데 프라이머에 관심이 있다면 탤크가 들어 있는 제품을 권합니다. 탤크는 피부 위에 제품이 겹겹이 쌓이게 하여 커버력을 높일 뿐만 아니라 피지를 흡수하는 성질이 있어서 여드름 피부에 도움이 됩니다. 세간에는 탤크가 폐암을 유발한다, 자궁암을 유발한다 등의 루머가 있는데 모두 사실이 아닙니다. 탤크는 의약품으로 쓰일 정도로 안전한 천연 광물입니다. 폐암이나 자궁암을 유발할 정도로 위험한 성분이라면 식약처가 사용을 허락하지 않습니다.

이외에도 실리카, 나일론-12, 옥수수전분 등이 들어 있는 프라이머 제품들이 피지 조절을 해 줍니다. 이렇게 피지를 흡수하는 성분이 들어가면 모공이 깨끗한 상태를 유지할 수 있어서 여드름에 도움이 됩니다. 성분표로 확인하는 것이 어렵다면 광고 문구에 피지를 잡아 준다는 표현이 있는 제품을 고르는 것이 좋습니다.

잘 맞는 프라이머를 찾았다면 그 위에 파운데이션을 조금 바르거나, 혹은 페이스 파우더나 팩트를 살짝 바르는 것으로 바탕 화장을 마치면 됩니다. 제품만 잘 찾는다면 화장을 한다고 해서 여드름이 더 악화되지는 않으니 너무 걱정하지 않아도 좋습니다.

컨실러는 어떨까요? 컨실러는 여드름을 가리는 데에는 효과적이지만 여드름에 좋다고 말할 수는 없습니다. 컨실러의 제형 자체가 매우 크리미하거나 왁스의 제형인 경우가 많기 때문입니다. 촬영이나 중요한 행사가 있는 날이라면 필요하겠지만 날마다 바르는 것은 좋은 생각이 아닙니다. 여드름 개선과 여드름 커버 사이에서 선택해야 한다면 당연히 여드름 개선을 선택해야 합니다.

이외에 아이섀도, 블러셔 등의 색조 제품은 여드름과 상관이 없습니다. 소량의 가루를 피부 표면에 살짝 묻히는 것이기 때문에 피부 건강에 아무런 영향을 주지 않습니다. 다만 요즘은 아이섀도와 블러셔도 크림형으로 나온 것이 많습니다. 건성 피부에는 아무 문제가 없지만 지성과 여드름 피부는 모공을 막을 확률이 높으므로 이런 제품은 피하는 것이 좋습니다.

유튜브에는 여드름을 가리는 화장법을 담은 동영상이 수없이 많습니다. 이런 동영상들은 드라마틱한 결과를 보여 주는 데에 초점을 맞추기 때문에 때로는 여드름에 좋지 않은 진한 크림 제형의 제품을 추천하기도 합니다. 완벽하게 커버하기 위해 바른 제품이 결국 더 많은 여드름을 불러온다면 무슨 소용일까요? 당장 예뻐 보이는 것도 중요하지만 그보다 더 중요한 것은 건강한 피부라는 사실을 꼭 기억해야 합니다.

6부

화장품 안전에 대한 걱정과 오해

착한 화장품과 나쁜 화장품을
가릴 수 있을까?

최근 몇 년 사이 화학 물질과 관련하여 여러 사건이 있었습니다. 가습기 살균제 사건, 살충제 계란 사건, 라돈 침대 사건이 대표적입니다. 이런 여러 사건이 거듭되면서 화학 물질에 대한 대중의 불안이 깊어졌습니다. 이로 인해 화학 물질이라면 무조건 거부하고 심지어 공포를 느끼는 화학 물질 공포증, 즉 케모포비아가 자리 잡게 되었습니다.

화장품 분야도 이로부터 큰 영향을 받았습니다. 화학 성분이 들어 있으면 무조건 기피하고 천연 성분, 유기농 성분에 집착하는 사람들이 늘었습니다. 유해 성분 목록을 모은 뒤 그 성분들이 들어 있는 제품이라면 무조건 배척하는 사람들도 늘었습니다.

또 하나 새로 생긴 경향이 있습니다. 바로 화장품을 '착한 화장품'과 '나쁜 화장품'으로 나누는 경향입니다. 착한 화장품과 나쁜 화장품을 판정하는 기준은 다양합니다. 어떤 사람들은 천연 성분이 많으면, 특히 유기농 성분이 많으면 착한 화장품이라고 말합니다. 반대로 화학 합성 성분이 주가 되는 화장품이면 나쁜 화장품이라고 말합니다.

성분마다 '유해도 점수'(hazard rate)를 매겨서 총 점수가 낮을 때 착한 화장품이라고 말하는 사람들도 있습니다. 유해도 점수는 EWG(Environment Working Group)라는 미국 환경 단체가 만들었습니다. 이 단체는 화장품의 성분과 유통되는 제품에 유해도 점수를 매기고 있습니다. 이에 따르면 0~2점은 안전한 화장품, 3~6점은 조금 위험한 화장품, 7~10점은 매우 위험한 화장품입니다.

EWG는 지금까지 미국에서 유통되는 7만 개가 넘는 화장품에 점수를 매겼는데 약 20% 정도에는 안전하다는 판정을 내렸고, 나머지 80%는 조금 위험하거나 매우 위험하다는 판정을 내렸습니다. 이들의 판정 방식에 따르면 시중에서 판매되는 제품의 80%가 유해성이 있는 '나쁜 화장품'이 됩니다.

유해 성분 목록을 바탕으로 착한 화장품과 나쁜 화장품을 판정하는 사람들도 있습니다. '반드시 피해야 하는 20가지 주의 성분' '알레르기 주의 성분' 등이 대표적인 유해 성분 목록입니다. 이들은 성분표에 해당 유해 성분이 전혀 없으면 착한 화장품이라고 판정하고, 몇 개 이상 적혀 있으면 나쁜 화장품이라고 판정합니다.

이와 같은 화장품 판정 방식은 몇 가지 점에서 심각한 문제를 일으킵니다. 첫째는 화장품의 안전에 대해 지나친 불안감을 조성하는 것입니다. 화장품은 화장품법의 규제를 받고 식약처의 감독을 받는, 매우 엄격하게 관리되는 산업입니다. 위험을 평가하는 과학자들이 수많은 검토 끝에 사용해서는 안 되는 성분, 사용을 제한해야 하는 성분, 검출되어서는 안 되는 물질 등을 정했고, 지금도 계속 사용하는 성분들이 안전한지 검증에 검증을 거듭하고 있습니다.

식약처는 수시로 시중의 제품을 수거하여 이 기준이 잘 지켜지고 있는지 감시합니다. 만약 기준에 미달하는 제품이 발견되면 곧바로 시장에서 회수하고 해당 화장품 회사에 행정 처벌을 내립니다. 이러한 과정이 하나의 시스템으로 계속 돌아가고 있기 때문에 화장품 회사들은 긴장의 고삐를 늦출 수 없습니다. 혹시라도 안전 기준에 미달한 제품이 나오면 소비자의 질타를 받고 이미지가 추락하기 때문에 결코 안전에 소홀할 수 없습니다.

물론 100% 완벽하지는 않습니다. 화장품도 사람이 만드는 것이라서 실수가 발생합니다. 또 나쁜 마음을 먹은 사람들이 일부러 나쁜 화장품을 만들기도 합니다. 그래서 한 해 30~50건 정도 리콜(recall, 결함이 발견되었을 때 시장에서 제품을 회수하고 소비자에게 보상해 주는 제도.) 명령을 받는 화장품이 나오고 있습니다. 화장품 산업이 발달한 나라일수록 리콜은 당연한 일상입니다. 리콜 건수는 감시 활동이 활발할수록, 화장품 산업이 커질수록 그에 비례하여 많아집니다. 미국은 2017년에 81건의 리콜 명령을 내렸고, 유럽 연합은 68건의 리콜 명령을 내렸습니다.

이처럼 안전 기준에 미달하는 화장품이 있기는 하지만 그 수는 극소수입니다. EWG의 분류대로 시중의 80%가 나쁜 화장품인 것은 아닙니다. 시중에 유통되는 제품들은 모두 각국의 안전 기준을 통과했습니다. 이미 안전 기준을 통과한 제품들을 착한 화장품, 나쁜 화장품으로 가르는 것은 불합리합니다. 이것은 정부와 과학자들이 만든 안전 기준을 못 믿겠다는 불신에서 나온 사고이지 과학적인 사고가 아닙니다.

바로 이 불신이 착한 화장품과 나쁜 화장품을 가르는 것의 두 번째 문제점입니다. 화장품 회사와 식약처, 그리고 식약처와 함께 일하는 과학자들이 소비자의 건강과 안전에 아무 관심이 없고, 나쁜 성분을 마구 쓰고, 수많은 증거에도 불구하고 안전하다며 거짓말을 하고 있다는 생각을 퍼뜨리기 때문입니다. 실제로 많은 사람이 식약처의 공식 해명이나 과학자들의 설명을 믿지 않습니다. 국민이 정부 기관과 권위 있는 과학자들의 말을 믿지 않는 것은 케모포비아보다도 더 심각한 사회적 문제를 낳습니다. 쓸데없는 불안, 공포, 분노를 만들어 엄청난 갈등과 혼란을 일으키고 이를 해결하는 비용을 발생시키기 때문입니다.

셋째, 대중의 과학적·지적 수준을 퇴행시킨다는 점에서도 큰 문제가 됩니다. 앞서 짧게 소개했던 '과학맹'이라는 용어를 좀 더 자세히 살펴보겠습니다. 경제 협력 개발 기구(OECD)가 진행하는 국제 학업 성취도 평가의 정의에 의하면 과학 '리터러시'(literacy) 즉 과학 독해력이란 "과학과 관련된 문제를 과학적 지식과 상식, 과학적 태도를 통해 살펴볼 수 있는 능력."을 뜻합니다. 여기에는 "데이터와 증거를 과학적으로 해석하는 능력, 즉 자료와 주장, 논쟁 등을 분석하고 평가하여 합당한 과학적 결론을 끌어내는 능력."이 포함됩니다. 과학 일리터러시(illiteracy), 즉 과학맹은 이와 정반대의 개념으로, 이런 능력이 부족한 상태를 뜻합니다.

화장품을 성분에 따라 '선(善)'과 '악(惡)'으로 나누고, 성분에 유해도 점수를 매기고, 꼭 피해야 할 성분의 목록을 만들어 그것을 판단의 절대 기준으로 삼는 것은 과학적으로 완전히 잘못된, 과학맹과 다름없는 방식입니다. 물질의 안전과 위험은 절대적인 것이 아니라 상대적인 것입니다. 위험해 보이는 성분이라도 양이 적으면 위험하지 않을 수 있고, 또 먹는 것이 아니라 바르는 것이면 위험은 더 줄어듭니다. 바르고 놔두는 것이 아니라 곧바로 씻어 낸다면 위험은 더욱 줄어듭니다. 노출 방식, 노출 양, 노출 빈도 등을 따지지 않고 단지 특정 성분이 들어 있느냐 아니냐로 안전과 위험을 판단하는 것은 매우 비과학적입니다. 과학적 사고 능력을 회복하기 위해서라도 우리는 화장품을 선과 악으로 판단하는 습관에서 빠져나와야 합니다.

세상에 나쁜 화장품은 없습니다. 위험한 화장품도 없습니다. 화장품은 그저 물과 기름에 피부에 이로운 여러 물질을 혼합한 물건일 뿐입니다. 불안과 두려움을 버리고 화장품을 좀 더 편안하게 바라볼 필요가 있습니다.

#2
실험실 물고기는 왜 죽었을까?

방송에서 한번쯤 이런 장면을 본 적이 있을 겁니다. 투명한 상자 속에 물고기나 바퀴벌레 같은 작은 생물이 들어 있습니다. 그 안에 특정 화학 물질을 집어넣자, 그 작은 생물은 괴로워하기 시작하고 급기야 몇 분 만에 죽어 버립니다. 지켜보는 사람들은 경악하고 그 화학 물질은 엄청나게 위험한 성분으로 낙인찍힙니다.

이런 장면은 건강 정보를 알려 주는 티브이 프로에서 흔히 볼 수 있습니다. 지금까지 파라벤, 소듐라우릴설페이트, 트리클로산, 메칠이소치아졸리논 등이 이런 실험을 통해 나쁜 성분으로 낙인 찍혔습니다.

많은 사람은 이것이 성분의 유해성을 증명하는 과학적 실험이라고 생각합니다. 하지만 사실 그렇게 보기 어렵습니다. 그보다는 작은 생물이 죽는 상황을 연출하여 사람들에게 충격을 주는 '쇼'

에 가깝습니다.

여러분은 의사들이 약을 처방할 때 성인에게 처방하는 용량과 어린이에게 처방하는 용량이 다르다는 것을 잘 알 겁니다. 어린이는 신진대사가 훨씬 빠르고 무엇보다 몸집이 작기 때문입니다. 아이의 연령과 몸무게에 따라 복용량을 신중하게 조절하지 않으면 부작용이 일어날 확률이 높아집니다.

그런데 이런 쇼에 사용되는 물고기는 몸무게가 겨우 0.3~0.5g 정도입니다. 바퀴벌레도 아무리 커 봤자 1g이 되지 않습니다. 이렇게 작은 생물이 어떤 화학 물질을 먹고 죽었다고 해서 그 성분들이 사람에게도 무조건 위험하다고 말할 수 있을까요?

앞서 말했듯 물질의 안전과 위험은 상대적입니다. 파라벤이 위험한 용량은 성인, 어린이, 개, 고양이, 물고기, 올챙이가 모두 다릅니다. 인체에 바르는 허용치에 해당하는 양을 인체의 10만 분의 1 수준의 무게밖에 안 되는 미물에게, 그것도 바르는 것이 아니라 먹이는 실험이 과연 과학적이라 말할 수 있을까요?

이런 자극적인 쇼를 통해 배울 점이 있다면 오히려 이런 것들입니다. 첫째, 모든 물질에는 독성(toxicity)이 있다는 점입니다. 파라벤이 물고기를 죽이고, 소듐라우릴설페이트가 바퀴벌레를 죽이는 이유는 두 물질 모두에 독성이 있기 때문입니다. 독성이란 물질이 어떠한 생명체나 생명체의 기관, 혹은 세포에 손상을 줄 수 있는 정도를 뜻합니다. 독성을 따질 때 가장 중요한 것은 '양'입니다.

즉, 양이 적을수록 독성이 적어지고 양이 많아지면 독성도 증가합니다.

예를 들어 비타민 C, 카페인, 소금은 우리가 음식을 통해 흔히 섭취하는 물질입니다. 그러나 몸무게 50kg의 성인을 기준으로 할 때 비타민 C는 대략 600g을 한꺼번에 먹으면 죽고, 카페인은 약 10g을, 소금은 약 150g을 한꺼번에 먹으면 죽습니다. 다행히 이 물질들은 우리가 아무리 먹고 마셔도 이렇게 많이 섭취할 수가 없습니다. 독성이 없어서 안전한 것이 아니라 우리가 적당한 양을 먹기 때문에 안전한 것입니다. 우리가 먹는 양을 물고기나 바퀴벌레에게 먹인다면 그 작은 생명체들은 소금이나 비타민 C로도 곧바로 죽을 것입니다.

독성학은 이런 식으로 체중 1kg당 치사량, 소화 기관, 호흡 기관, 생식 기관 등에 미치는 독성, 피부에 발랐을 때의 독성, 임산부에 미치는 독성, 기형아를 낳게 하는 섭취량 등을 연구하는 학문입니다. 단지 독성이 있다는 사실만으로 어떤 물질이 위험하다고 주장하는 것은 과학적이지 않습니다. 파라벤은 물고기에 기형을 유발하고, 물고기를 죽일 수도 있지만, 그것을 화장품에 조금 첨가하여 쓰는 것은 인간에게 해가 되지 않습니다. 오히려 미생물의 번식을 막아 주어 화장품의 품질을 유지해 줍니다.

둘째, 위험을 판단하려면 독성이 아니라 위해성(risk)을 보아야 한다는 것입니다. 흔히 유해성(hazard)이란 단어에 더 익숙한데 유해성과 위해성은 다릅니다. 유해성은 해를 끼칠 수 있는 '능력'을, 위해성은 해를 끼칠 수 있는 '확률'을 뜻합니다. 앞서 말했던 보톡스는 약 130g이면 전 세계 76억 인구를 전멸시킬 수 있는 어마어마한 유해성이 있지만 정작 위해성은 매우 낮습니다. 일상생활에서 접할 수 있는 흔한 물질이 아니며, 위험 물질로 분류되어 의료용으로 철저히 관리되고 있기 때문입니다.

화장품 속 일부 성분들도 유해성은 높을 수 있지만 위해성은 낮습니다. 안전한 수준으로 함량을 낮춰 놓았고, 먹는 것이 아니라 바르는 것이며, 바르는 양도 매우 적기 때문입니다. 많은 양을 먹었을 때의 유해성, 높은 농도로 장기간 피부에 많이 발랐을 때의 유해성을 근거로 어떤 성분이 위험하다고 말하는 것은 비과학적입니다. 시중에 떠도는 암 유발, 호르몬 교란, 기형아 유발 등 화장품 성분에 관한 많은 무시무시한 괴담은 위해성이 아니라 유해성에 바탕을 두고 있습니다.

셋째, 인간은 부정적인 정보에 잘 끌린다는 점입니다. 물고기와 바퀴벌레가 죽는 충격적인 쇼에 우리는 왜 잘 속을까요? 우리는 왜 이런 정보에 끌리는 걸까요? 과학적 상식이 부족해서이기도 하지만 그보다 더 근본적인 원인이 있습니다. 바로 인간의 본성 자체가 불안, 공포, 부정적인 정보에 끌리기 때문입니다.

인간은 밝고 긍정적인 이야기보다는 어둡고 부정적이고 무시무시한 이야기에 더 끌립니다. 왜냐하면 무서운 것에 대해 열심히 들

화장품 속 일부 성분들도
유해성은 높을 수 있지만 위해성은 낮습니다.

어야 그것을 피해서 살아남을 수 있기 때문입니다. 진화 심리학자들은 인간의 원초적 공포심이야말로 위험을 피해서 인류를 살아남게 만든 생존 전략이라고 말합니다.

그런데 이런 원초적 공포심에는 맹목성, 나약함, 비이성적 반응 등이 따라옵니다. 공포를 느끼면 불안해하면서 일단 도망가고 피합니다. 최대한 멀리 도망가는 것이 우선이기 때문에 과연 그 무시무시한 정보가 사실인지 아닌지 자세히 살펴보고 검증해 볼 엄두를 내지 못합니다.

공포는 이처럼 맹목적으로 우리를 조종할 수 있기 때문에, 이것을 역이용하여 이득을 취하려는 사람이 많습니다. '공포 마케팅'으로 물건을 팔거나 유명세를 쌓으려는 사람들입니다. 화장품이 위험하다는 무서운 괴담 뒤에는 열에 아홉은 이러한 공포 마케팅 세력이 있습니다.

따라서 물고기가 죽는 장면을 보았다면 우리가 해야 할 일은 우리 스스로 공포에 취약하다는 사실을 인식하는 것입니다. 두려움이 우리의 이성적 사고를 마비시킬 수 있다는 사실을 인정하는 것입니다. 그러면 공포 정보를 만났을 때 무조건 도망가지 않고 잠시 생각할 수 있습니다. 과연 이 정보는 사실일까? 과학적으로 근거가 있을까? 과학적 상식과 지식, 이성을 동원해 우리 스스로 검증해 볼 수 있습니다.

물고기는 왜 죽었을까요? 파라벤은 아무런 잘못이 없습니다. 바퀴벌레는 왜 죽었을까요? 소듐라우릴설페이트도 아무런 잘못이 없습니다. 트리클로산, 메칠이소치아졸리논도 마찬가지입니다. 엉뚱한 생명체에게 엉뚱한 실험을 한 사람들에게 잘못이 있을 뿐입니다.

#3

화장품 속 발암 물질,
어떻게 이해할까?

화장품에 관한 수많은 공포 정보 중에 가장 무서운 것은 뭐니 뭐니 해도 발암 물질이 들어 있다는 정보일 것입니다. 아래와 같은 내용이 대표적입니다.

"자외선 차단 성분인 벤조페논은 2군 발암 물질이다."

"파라벤이 유방암과 피부암을 유발한다."

"미네랄오일은 1군 발암 물질이다."

"계면 활성제인 PEG에는 제조 과정 중 발암 물질인 1,4-다이옥산이 생성된다."

화장품에 발암 물질이 있다는 말에 초연할 수 있는 사람은 없습니다. 어떻게든 피해야 한다는 생각이 먼저 듭니다. 정말 화장품 속에 발암 물질이 들어 있을까요? 화장품을 바르는 사이, 알게 모르게 암에 걸릴 위험이 증가하는 것일까요?

화장품에 발암 물질이 들어 있냐고 묻는다면, 예, 그렇습니다. 발암 물질이 들어 있습니다. 화장품 때문에 암에 걸릴 가능성이 있냐고 묻는다면, 그것 역시 예, 그렇습니다. 그럴 가능성이 있습니다.

그러나 그 가능성이 얼마나 되냐고 묻는다면, 그 확률은 너무나 낮습니다. 굳이 퍼센티지로 표현한다면 0.1%도 되지 않을 것입니다. 하지만 어쨌든 없는 것은 아니므로 정확히 말하자면 암에 걸릴 가능성이 있다고 말할 수밖에 없습니다.

우리는 과학의 화법을 이해해야 합니다. 과학은 위험이 전혀 없다, 100% 안전하다고 말하지 못합니다. 세상에 100% 안전한 것은 없기 때문입니다. 100% 안전을 확인하는 방법도, 그것을 검증하는 방법도 과학에는 없습니다. 그래서 과학은 인체에 거의 영향이 없는 수준, 질병을 일으킬 확률에 거의 영향이 없는 수준을 따져서 안전하다고 말합니다.

예를 들어 파라벤은 성호르몬인 에스트로겐과 분자 구조가 비슷해서 유방암을 일으킨다는 의혹이 끊임없이 제기되는 성분입니다. 과학자들이 조사해 본 결과 파라벤이 체내에서 에스트로겐처럼 작용할 확률은 실제 체내에서 분비되는 에스트로겐의 1만 분의 1에서 10만 분의 1에 불과한 것으로 나타났습니다. 과학자들은 이 정도면 거의 무의미하다고 판단하고 파라벤이 안전하다고 말합니다. 하지만 에스트로겐처럼 작용할 가능성이 있느냐 없느냐를 정확히 따진다면 있긴 있다고 말할 수밖에 없습니다. 겨우 0.01~0.001%이지만 어쨌든 있기 때문입니다.

그러니 우리는 이것을 잘 구별해야 합니다. 화장품에 발암 물질이 들어가기는 합니다. 그로 인해 암에 걸릴 위험도 존재합니다. 하지만 그 확률은 너무나 낮아서 무시해도 좋을 수준입니다.

이는 커피와 와인도 마찬가지입니다. 커피와 와인도 성분 분석을 해 보면 수십 종의 발암 물질이 검출됩니다. 그로 인해 암에 걸릴 위험도 존재합니다. 하지만 그 확률은 너무나 낮아서 무시해도 좋을 수준입니다.

무엇보다 발암 물질에 대한 개념부터 바로잡아야 합니다. 흔히 발암 물질을, 접촉하기만 하면 무조건 암에 걸릴 확률을 높이는 물질로 오해합니다. 하지만 세계보건기구 산하 국제암연구소의 과학자들이 '카시노젠'(carcinogen), 즉 발암 물질이라 말할 때는 훨씬 복잡한 여러 의미를 담고 있습니다. 카시노젠은 암 발병에 관여하는 물질이긴 하지만 그 관여도는 절대적이지 않습니다. 같은 물질이라도 어떤 방법으로 얼마의 양을 어느 정도 기간 동안 접촉하느냐에 따라 관여도가 높기도 하고 아주 낮거나 없기도 합니다. 물질 자체에 발암성이 있는 것이 아니라 그 물질을 어떤 방식으로 얼마나 접촉하느냐에 따라 발암성이 있느냐 없느냐가 결정됩니다.

예를 들어 실리카는 피지를 흡수하고 불투명한 질감을 만들기 위해 화장품에 흔히 쓰이는 성분입니다. 그런데 실리카는 1군 발암 물질로 분류돼 있습니다. 모래를 이용하거나 암석을 가공하는 공장 근로자들 사이에서 폐암 발병률이 높게 나타나기 때문입니다. 모래와 암석에는 실리카 가루가 많은데 이를 작업 중에 많이 들이마시게 되면 근로자에게 폐암을 일으킬 수 있다는 것이 증명되었습니다. 공장 근로자들에게는 매우 중대한 일이고 산업 차원에서 작업 환경을 규제해야 할 일이지만, 화장품 성분으로서 바르는 실리카와는 아무 상관이 없습니다.

벤조페논은 어떨까요? 벤조페논은 2B군 발암 물질로 분류돼 있습니다. 세포 실험에서 이것이 디엔에이 변형을 일으킨다는 것이 증명되었기 때문입니다. 하지만 이것은 분자 차원에서 인위적 환경을 만들어 유도해 낸 결과입니다. 동물 실험과 인체 실험에서는 발암 물질이라는 가설을 증명하지 못했습니다.

과학자들은 자외선 차단제에 벤조페논을 넣으면 빛에 안정적으로 반응하여 변질을 막아 주고 효과가 오래 지속되도록 도와준다고 말합니다. 미국의 화장품성분검토회와 유럽 연합의 소비자안전과학위원회가 수많은 동물 실험 결과와 임상 실험 결과를 살펴보고 내린 결론은 이 성분이 피부 자극이 드물고 빛에 의한 변질을 막아 주는 탁월한 성분이라는 것입니다. 유럽 연합은 6%까지 배합을 허용하고 우리나라는 5%까지 허용합니다.

이처럼 설사 어떤 물질이 발암 물질로 지정되었다 해도 그것을 어떻게 쓰느냐에 따라서 안전 여부는 달라집니다. 단지 국제암연구소의 발암 물질 목록에 올라 있다고 해서 그 물질을 화장품에 절대로 써서는 안 되는 물질로 매도해서는 안 됩니다.

발암 물질이 너무나 효과적인 공포 마케팅 수단이기 때문에 이를 악용하는 사람이 많습니다. 예를 들어 "미네랄오일이 1군 발암 물질이다."라는 말은 사실을 교묘하게 왜곡한 정보입니다. 1군 발암 물질로 분류된 미네랄오일은 정제가 되지 않은 공업용 미네랄오일입니다. 화장품에 사용되는 미네랄오일은 '매우 높이 정제된' 식품·의약품용 미네랄오일이며, "인간에게 발암성을 가진다고 볼 수 없음."의 의미를 지닌 '3군'으로 분류돼 있습니다. 상당수의 화장품 회사들, 특히 천연 성분을 내세우는 화장품 회사들은 미네랄오일을 발암 물질로 마케팅하면서 동시에 자신들이 사용하는 올리브, 해바라기, 코코넛, 아르간 등의 식물 오일이 더 안전하고 신비로운 효능이 있는 것처럼 띄웁니다.

일상생활에서 접촉이 많은 발암 물질이라면 조심해야 하는 것이 맞습니다. 예를 들어 지나친 술과 흡연은 암을 일으키는 요인의 20~30%를 차지할 정도로 암과의 관련성이 확실합니다. 미세 먼지, 자외선도 마찬가지입니다. 하지만 우리는 모든 발암 물질을 피하며 살 수 없습니다. 1군 발암 물질 목록을 보면 소시지, 햄과 같은 가공육, 젓갈, 페인트칠, 가구 만들기, 엔진 배기가스 등도 있습니다. 모두 우리가 자주 먹거나 접하는 것이고 어떤 사람들은 직업 때문에 늘 노출되어야 하는 것들입니다. 결국 살아가는 것 자체가 조금씩 암에 걸릴 가능성을 쌓아 가는 것이라고 볼 수 있습니다.

2017년 미국 암학회에서 미국인이 걸린 모든 암을 분석해 보니 흡연은 19%, 비만은 8%, 과음은 6%, 심한 자외선은 5%, 심한 운동 부족은 3%의 원인을 제공했다고 합니다. 이는 흡연과 과음을 삼가고 살이 찌지 않도록 관리를 하고 규칙적으로 운동을 하면서 자외선을 잘 차단하는 것만으로도 암 발병을 41%나 줄일 수 있다는 뜻입니다. 정말로 암을 예방하고 싶다면 화장품 속 발암 물질을 걱정하는 것보다는 우리의 생활 방식을 건강하게 관리하는 것이 더 효과적입니다.

알레르기 유발 물질은 억울해

발암 물질과 함께 화장품에 대한 불안을 조성하는 또 다른 대표적 공포 마케팅 수단은 '알레르기 유발 물질'입니다. 아래와 같은 정보가 이에 해당합니다.

"파라벤은 접촉성 피부염 및 알레르기를 유발한다."

"색소와 향료는 알레르기를 유발하는 첫 번째 원인이므로 반드시 피해야 한다."

"PEG는 알레르기 유발 위험이 있다."

알레르기를 일으키는 성분이라고 하면 무조건 피하고 싶은 것이 당연합니다. 하지만 잘 생각해 보아야 합니다. 땅콩은 식약처가 지정한 '22가지 식품 알레르기 유발 물질' 중 하나입니다. 메밀, 밀가루, 대두, 복숭아, 토마토, 달걀, 새우, 돼지고기도 여기에 포함됩니다. 모든 식품 중에서 이들이 알레르기를 유발할 확률이 가장 높다고 합니다. 그렇다면 우리는 이제부터 이 식품들을 먹지 말아야 할까요?

그렇게 생각하는 사람은 별로 없을 겁니다. 대다수는 지금까지 아무 탈 없이 잘 먹어 왔기 때문입니다. 이 식품들에 알레르기가 발생한 적이 없는 사람이라면 계속 먹어도 됩니다.

알레르기 유발 식품을 먹는다고 해서 아무에게나 식품 알레르기가 유발되는 것은 아닙니다. 그 식품에 알레르기가 있는 사람에게만 유발됩니다. 화장품 성분에 대한 알레르기도 마찬가지입니다. 그 성분에 알레르기가 있는 사람에게만 유발됩니다.

그러니 어떤 물질이 알레르기를 유발한다고 해서 무턱대고 피하는 것은 올바른 태도가 아닙니다. 알레르기를 유발한다고 해서 '나쁜 성분'이라고 낙인찍는 것도 알맞지 않습니다. 복숭아가 알레르기를 일으킨다고 해서 복숭아를 나쁜 음식이라 낙인찍을 수는 없는 것과 같습니다.

통계를 보면 화장품으로 인한 알레르기는 아주 소수의 사람에게만 발생합니다. 건강보험심사평가원이 내놓은 '보건 의료 빅데이터'를 보면 2016년 알레르기성 접촉 피부염 환자 수는 총 470만 명입니다. 이 중에서 그 원인이 화장품으로 밝혀진 경우는 3만 3,810명으로 전체 알레르기성 접촉 피부염 환자의 0.7%밖에 되지 않습니다.

알레르기 유발 물질로 파라벤이 자주 거론되는데, 과학자들은 오히려 파라벤이 모든 보존제 가운데 피부 자극이 가장 낮다고 말합니다. 피부 문제로 병원을 찾은 환자들을 대상으로 한 여러 패치 테스트에서 파라벤이 양성 반응을 보이는 경우는 1~2% 사이로 나타납니다. 패치 테스트는 약 5~15%의 고농도로 행해지므로 그 농도를 화장품에 첨가되는 수준(최대 0.8%)으로 낮추고, 환자가 아닌 건강한 사람들을 대상으로 한다면 그 수치는 이보다 훨씬 낮아질 겁니다. 미국 화장품성분검토회는 "파라벤을 화장품에 첨가되는 수준의 농도로 건강한 피부에 바르는 것은 거의 피부 자극을 유발하지 않는다."라고 말합니다.

향료 역시 대표적인 알레르기 유발 물질로 알려져 있습니다. 여러 패치 테스트 결과를 보면 1~4% 정도의 사람에게서 양성 반응이 나타납니다. 2015년 독일, 이탈리아, 네덜란드, 포르투갈, 스웨덴의 건강한 사람들을 대상으로 한 대규모 패치 테스트에서 다양한 향 물질에 대한 평균 양성 반응은 1.9%로 나타났습니다. 화장품에 첨가되는 향료의 농도(약 0.5% 안팎)는 패치 테스트에 사용되는 농도(물질에 따라 약 1~5%)보다 훨씬 낮으므로, 화장품으로 인한 향료 알레르기 발생률도 이보다 훨씬 낮을 것이라고 예상할 수 있습니다.

아마 이렇게 생각하는 사람도 있을 겁니다. 알레르기가 아무에게나 유발되는 것이 아니라는 점을 잘 알지만, 그래도 어쨌든 알레르기를 일으킬 확률이 높은 성분이라면 피하는 것이 좋지 않을까?

왜 화장품 회사들은 알레르기 위험이 전혀 없는 안전한 화장품을 만들지 않는 걸까? 안타깝게도 화장품 회사들은 그런 제품을 만들 수 없습니다. 세상에 알레르기를 일으킬 가능성이 전혀 없는 물질은 존재하지 않기 때문입니다. 물질의 안전은 상대적이고 인간의 반응은 너무나 다양합니다. 심지어 과학자들이 "세상에서 가장 순한 오일"이라고 부르는 미네랄오일과 바셀린에도 몇 명의 알레르기 환자가 보고되었습니다.

과학은 100%의 절대적 안전을 보장할 수 없습니다. 절대 안전이란 이룰 수 없는 목표입니다. 아무리 순한 물질에도 독성이 있고 대다수가 문제없이 사용해도 누군가는 또 거부 반응을 보입니다. 과학이 할 수 있는 일은 위험이 일어날 확률을 줄이고 줄여서 상대적 안전을 최대한 확보하는 것뿐입니다.

알레르기가 있는 사람에게는 이것이 매우 불만족스러울 것입니다. 하지만 어쩔 수 없는 자연의 법칙입니다.

부작용이 생겼을 때는 어떻게?

새로 산 화장품을 발랐더니 부작용이 일어났습니다. 화장품 매장에 찾아가 환불이나 피해 보상을 요구한다면 어떻게 될까요? 아마 매장 측은 환불은 해 줄 수 있지만 피해 보상을 원한다면 병원에서 진단서를 받아 제출해 달라고 말할 겁니다.

이것은 대한화장품협회가 만든 '화장품 클레임 처리 자율 규약'에 따른 일반적인 대응법입니다. 소비자가 부작용으로 배상을 요구하면 화장품 회사는 그 부작용의 수준이 낮고 가볍더라도 교환이나 환불을 해 주어야 합니다. 하지만 소비자가 그 이상의 보상을 원한다면 화장품 회사는 의사의 진단서 등 여러 의료 자료를 요구할 수 있습니다. 진단서에서 소비자가 겪은 부작용과 화장품 사이의 인과 관계가 인정되고, 적어도 2주 이상의 병원 치료가 필요하다는 소견이 나온다면, 화장품 회사는 소비자에게 치료비와 경비,

임금 등의 손해 배상을 해 주어야 합니다.

소비자에게는 이것이 언뜻 불합리해 보일 수 있습니다. 진단서를 떼고 부작용을 증명해야 할 책임을 소비자에게 지우니까요. 또 피부과에 가더라도 정확하게 화장품 때문이라고 진단해 주는 경우가 많지 않기 때문에 결국 환불 이상의 손해 배상을 받을 확률은 작습니다.

그러면 어쩌면 좋을까요? 소비자가 부작용이라고 말하면 화장품 회사는 무조건 손해 배상을 해 주어야 할까요? 아무런 검증 절차 없이 배상을 해 주어야 한다면 그것은 합리적일까요?

우리는 양쪽 입장을 모두 고려해야 합니다. 부작용은 기업이 책임지는 것이 원칙이지만 그것이 정당한 배상 요구인지 확인하는 절차는 반드시 필요합니다. 이런 절차가 없으면 소비자의 권리는 남용되고 기업의 권리는 보호받지 못할 수 있습니다. 이를 악용하는 블랙 컨슈머(black consumer, 기업을 상대로 일부러 악성 민원을 내는 사람.)도 증가할 것입니다.

부작용이 일어났을 때, 우리가 흔히 빠지는 판단의 오류가 있습니다. 바로 '화장품 회사가 나쁜 제품을 만들어서 내 피부에 부작용이 생겼다.'라고 지레 판단하는 것입니다. 이런 생각 때문에 부작용이 일어나면 화부터 내고 화장품 회사에 적개심까지 갖습니다. 하지만 이런 섣부른 판단은 부작용을 이해하는 데에 도움이 되지 않습니다. 자신의 피부를 이해하는 데에도 도움이 되지 않습니다.

부작용이 일어난 이유가 화장품 회사가 '나쁜' 제품을 만들었기 때문이라면, 그 화장품을 쓴 대다수가 같은 부작용을 겪어야 합니다. 하지만 똑같은 제품을 써도 대다수에게는 아무 문제가 없습니다. 부작용을 겪는 사람은 극소수입니다.

부작용은 화장품 자체의 문제라기보다는 개인의 피부 문제일 확률이 훨씬 높습니다. 피부가 선천적으로 예민하거나, 특정 물질에 알레르기가 있거나 혹은 계절, 날씨, 기분, 스트레스, 건강 상태 등에 의해 일시적으로 예민해져서 부작용이 일어났을 가능성이 매우 높습니다.

화장품 때문에 피부가 상하면 화장품 회사가 원망스럽기 마련입니다. 당장 환불과 함께 치료비, 경비를 배상받고 진심 어린 사과의 말까지 받아 내고 싶은 마음이 들 수 있습니다. 하지만 이는 그렇게 간단한 일이 아닙니다. 피부는 화장품 외에도 수많은 요인에 노출됩니다. 피부 트러블이 화장품 때문이라고 본인이 아무리 확신한다 해도 사실은 아닐 수 있습니다.

그렇다면 부작용이 일어났을 때 어떻게 대처해야 할까요? 화장품이 의심된다면 우선 그 화장품의 사용을 중단해야 합니다. 화장품 속에 자극이나 알레르기를 일으키는 원인 물질이 있었다면 중단하는 것만으로도 며칠 만에 증상이 사라지게 됩니다. 구입했던 제품은 화장품 회사나 판매처에서 환불받을 수 있습니다.

사용을 중단했는데도 증상이 계속 심해진다면 병원에 가야 합니다. 의사가 여드름, 지루성 피부염, 습진, 아토피 등의 진단을 내린다면 문제의 원인이 화장품이라고 볼 수 없습니다. 이러한 질환은 피부 자체의 문제이거나 면역계 이상에 의한 것으로 화장품과 관계가 없습니다.

의사가 접촉 피부염으로 진단한다면 화장품 혹은 그 밖의 다른 물질 때문일 수 있습니다. 접촉 피부염을 일으키는 물질로는 화장품 외에도 세탁 세제, 주방 세제, 음식, 꽃가루, 약물, 식물, 금속 등이 있습니다. 이 중 정말 화장품이 원인인지 곰곰이 따져 봐야 합니다.

정말 화장품 때문이라면 알레르기에 의한 것인지, 혹은 자극에 의한 것인지 파악하는 것이 중요합니다. 증상은 똑같지만 염증이 나는 원리는 다르기 때문입니다.

알레르기는 항원 항체 반응입니다. 인체는 세균이나 바이러스가 침입하면 이에 대항하기 위해 항체를 만들어 냅니다. 그런데 전혀 해롭지 않은 것을 해로운 것으로 인식하여 항체를 만들어 내는 경우가 있는데 그것이 바로 알레르기입니다. 한 번의 접촉으로 항체가 만들어지면 두 번째 접촉부터는 염증 반응이 나타납니다. 주로 접촉 부위에서 발생하지만 시간이 지나면 온몸으로 퍼지기도 합니다.

반면에 자극에 의한 접촉 피부염은 말 그대로 피부에 접촉된 물질의 자극에 의해 발생합니다. 자극은 그 물질이 실제로 너무 자극적이어서일 수도 있지만 피부가 너무 예민해서일 수도 있습니다. 대다수의 화장품 접촉 피부염은 여기에 해당합니다.

알레르기라면 원인 물질을 파악하는 것이 가장 중요합니다. 화장품에서 알레르기를 일으키는 것은 주로 향, 보존제, 자외선 차단제 등입니다. 피부과 병원에서 알레르기 패치 테스트를 하면 원인 물질을 정확히 알 수 있습니다. 알고 나면 그다음부터는 그 물질이 들어간 화장품을 반드시 피해야 합니다.

자극에 의한 접촉 피부염은 주로 식물 추출물, 향, 보존제, 계면활성제, 레티놀, 알부틴, 비타민 C 등의 효능 성분에 의해 발생합니다. 예민해진 피부에는 이런 성분들이 일시적으로 자극을 일으킬 수 있습니다. 성분 자체가 문제인 것이 아니라 성분의 함량과 피부의 예민함이 문제입니다. 따라서 성분의 함량이 적거나 피부가 정상으로 회복되면 이 성분들을 문제없이 바를 수 있습니다. 평소에도 피부가 예민하다면 되도록 기능성 성분이 없고 무향인 것을 바르는 것이 좋습니다. 페퍼민트, 라벤더, 로즈마리 등의 향이 나는 아로마 오일과 식물 추출물도 피하는 것이 좋습니다.

화장품 부작용은 언제든, 누구에게든 일어날 수 있습니다. 그러나 그것이 반드시 화장품의 잘못은 아닙니다. 설사 정말로 화장품이 문제의 원인으로 밝혀진다 해도 그 화장품이 반드시 나쁜 화장품이 되는 것은 아닙니다. 나에게 알레르기나 자극을 일으킨 화장품이라 해도 다른 수만 명에게는 아무 문제 없는 좋은 화장품일 수 있습니다. 이 사실을 인정해야 자신의 피부 문제를 제대로 파악할 수 있습니다.

#6

화장품이 몸속에 축적된다?

공포 마케팅에 자주 사용되는 또 하나의 프레임은 '피부 흡수율'입니다. 아래와 같은 내용이 이에 해당합니다.

"화장품 성분의 60%가 소변에서 검출된다."

"매년 화장품 2.5kg이 체내로 흡수되고 그중 20% 이상이 축적된다."

"파라벤은 피부 흡수가 잘되어서 화장품 사용 시 계속 지방 조직에 축적된다."

이 공포 영화 같은 이야기가 정말 사실일까요? 피부에 바른 화장품이 체내에 조금씩 스며들어 축적된다니 끔찍한 기분이 듭니다.

그러나 이 정보들은 약간의 사실에 거짓을 버무려 놓은 가짜 정보입니다. 화장품 성분의 일부가 소변에서 검출되는 것은 사실이지만, 무려 60%나 된다는 말은 근거가 없는 이야기입니다. 또 검출된다는 것은 몸에 축적되지 않고 배출된다는 뜻이며 그 양은 지극히 적은 수준입니다.

매년 2.5kg의 화장품이 체내로 흡수되고 그중 20%가 축적된다는 것은 상식적으로 계산만 해 봐도 말이 안 됩니다. 2.5kg의 20%는 500g입니다. 우리가 매년 500g의 화학 물질을 몸에 축적한다면, 10년이면 5kg이 쌓이게 됩니다. 30년이면 15kg, 40년이면 20kg이 쌓입니다. 한국인의 평균 수명이 80세가 넘는데, 그렇다면 죽음이 가까워질 무렵에는 체중의 절반 이상이 화장품 때문에 쌓인 화학 물질이라는 뜻이 됩니다. 도대체 피와 살과 뼈의 무게는 어디로 간 걸까요?

파라벤에 대한 내용을 짚어 보자면, 과학자들의 말은 전혀 다릅니다. 2008년 미국 화장품성분검토회에서 내놓은 파라벤 위해 평가 최종 보고서를 보면 이렇게 정리되어 있습니다. "파라벤이 표피를 통과하여 체내로 흡수될 수 있는 것은 사실이지만, 우리 전문가 패널은 피부에 바른 파라벤의 대사는 피부 내에서 일어난다고 본다. (……) 파라벤이 피부 내에서 거의 모두 분해되기 때문에 체내로 흡수될 수 있는 파라벤은 바른 양의 1% 정도밖에 남지 않는 것으로 보인다."

미국 질병통제예방센터도 이렇게 말합니다.

"체내로 들어온 파라벤은 빠르게 배설된다. 파라벤은 피부나 그 밖의 다른 장기에 축적되지 않는다."

2007년 프랑스 연구 팀은 논문에서 이렇게 말합니다.

"파라벤을 바르면 피부 효소의 작용에 의해 피부 내에서 분해되고 그중 일부가 체내로 들어가지만 소변을 통해 빠져나간다."

종합해 볼 때, 파라벤이 피부를 통해 체내로 흡수되는 것은 사실이지만 그 양은 아주 적은 수준이며 그마저도 축적되지 않고 소변으로 빠져나옵니다.

인간의 피부는 그렇게 쉽게 외부 물질을 받아들이도록 설계되지 않았습니다. 피부는 우리가 상상하는 것 이상으로 튼튼한 장벽을 갖고 있습니다. 표피층의 구조를 보면 세포가 마치 벽돌을 쌓듯이 엇갈리며 무려 10~30층으로 쌓여 있습니다. 화장품이 이 많은 층을 뚫고 진피까지 내려가기란 너무나 어려운 일입니다. 더 깊숙이 피하 지방까지 들어가 혈액으로 스며들기는 더더욱 어렵습니다.

물론 다른 물질보다 좀 더 깊이 스며드는 물질이 있습니다. 분자량이 작을수록, 극성을 가질수록, 수용성보다는 지용성일수록, 농도가 높을수록, 약리 작용이 높을수록 더 깊숙이 스며듭니다. 그런데 화장품에 사용되는 성분들 중에는 약리 작용이 높은 물질이 없고 약리 작용이 약간이라도 있으면 그 농도가 낮습니다. 또 분자량이 작은 물질은 대부분 배합 한도가 낮습니다. 그러니 애초부터 화장품은 깊이 스며들기 어렵습니다.

그래서 오히려 화장품 회사들은 어떻게 하면 좋은 성분들을 조금이라도 더 깊숙이 스며들게 할 수 있을까 많은 고민을 했습니다.

특히 비타민 C와 같은 미백 성분, 레티놀과 같은 주름 개선 성분을 진피층 가까이 밀어 넣을 수만 있다면 화장품으로 더 큰 피부 개선 효과를 기대할 수 있기 때문입니다. 그래서 나온 것이 '침투 강화제'와 '리포솜'(liposome) 기술입니다.

침투 강화제는 세포 간 지질, 즉 세포와 세포 사이를 단단히 결속시키는 부위에 변화를 주어 피부에 바른 물질이 좀 더 아래로 통과할 수 있도록 길을 열어 주는 역할을 합니다. 화장품 성분표에서 흔히 볼 수 있는 프로필렌글라이콜, 펜틸렌글라이콜, 부틸렌글라이콜, PEG, PPG 계열의 여러 계면 활성제가 침투 강화제에 해당합니다.

리포솜은 세포막의 주요 성분인 인지질을 수용액에 넣었을 때 생성되는, 속이 빈 동그란 방울입니다. 직경 10~1,000nm의 아주 작은 리포솜 속에 각종 비타민, 아미노산, 펩타이드 등의 성분을 넣으면 좀 더 깊숙이 침투하고 서서히 분해되어 진피층까지의 전달률을 높이는 것으로 알려져 있습니다.

그런데 이런 기술을 적용해도 화장품의 실질적 피부 침투율은 그렇게 많이 증가하지 않습니다. 겨우 표피층을 몇 계단 더 뚫고 내려가는 정도입니다. 또한 2016년 덴마크 연구 팀이 리포솜을 바른 피부를 나노 현미경으로 관찰한 결과 표피층을 통과하기도 전에 리포솜이 다 파괴되는 것을 확인할 수 있었습니다. 리포솜이 그 상태 그대로 진피층까지 전달되는 것은 세포 실험에서나 가능하지 실제로는 불가능함을 증명한 것입니다.

또한 리포솜 기술을 개발하는 과정에서 화장품 회사들은 오히려 나노화 기술이 다른 방식으로 유용하게 사용되는 것을 발견했습니다. 예를 들어 유효 성분을 폴리머로 코팅하는 '나노 캡슐' 기술은 화장품을 피부 깊숙이 스며들게 하는 것이 아니라 오히려 성분을 안정화시키면서 피부 흡수율을 낮추는 것으로 나타났습니다. 그래서 유기 자외선 차단 성분을 폴리머로 코팅하면 피부 속으로 흡수되지 않으면서 효과가 더 오래 지속됩니다.

'나노 입자' 기술도 마찬가지입니다. 나노 입자란 10~100nm 크기로 작게 만든 입자를 뜻합니다. 이때 대상이 되는 물질은 주로 자외선 차단 성분으로 사용되는 티타늄디옥사이드, 징크옥사이드 무기 광물입니다. 광물 입자를 이렇게 작게 만들면 피부 흡수율이 매우 높아질까 봐 걱정했지만 오히려 반대로 나타났습니다. 피부 흡수율은 변화가 없고 자외선을 흡수하는 효율과 지속성은 높아졌습니다. 그래서 무기 자외선 차단제를 만들 때 입자를 나노화하면 훨씬 적은 함량으로 높은 SPF를 만들 수 있습니다.

일부 천연 화장품 회사들은 나노 입자가 든 무기 자외선 차단제가 피부 흡수율이 높아서 위험하다는 말을 퍼뜨립니다. 결코 사실이 아닙니다. 호주 암위원회는 "지금까지 발표된 모든 연구를 검토해 볼 때 자외선 차단제의 나노 입자는 죽은 세포로 이루어진 각질층에만 머물기 때문에 피부 속으로 흡수되지 않는다."라고 홈페이지에서 밝히고 있습니다. 독일연방위해평가원도 홈페이지에 "나노 입자는 피부를 통과하지 못하며 피부 표면에만 머물러 있는 것이 확인되었다."라고 알리고 있습니다.

그뿐만 아니라 이렇게 나노화된 입자는 빛에 반응하는 성질이 바뀌어 색이 투명해지고 질감이 가벼워집니다. 백탁 현상 때문에 자외선 차단제를 사용할 때 불편함을 느꼈다면 오히려 나노 입자로 만들어진 자외선 차단제가 해결책이 될 수 있습니다.

이처럼 화장품의 피부 흡수율은 두려워해야 할 수준이 아닙니다. 무엇보다 우리 식약처는 화장품 성분의 위해 평가를 할 때 피부로 흡수될 수 있는 양, 입으로 섭취할 수 있는 양, 코로 들이마실 수 있는 양을 모두 고려합니다. 바르는 양을 최대치로 잡고, 피부와 입, 코를 통해 전신으로 흡수될 수 있는 양도 최대치로 잡습니다. 그렇게 해도 축적성이 없고 충분히 안전하다는 결론이 나와야 그 성분의 사용을 승인합니다.

화장품은 약도 아니고 어마어마하게 위험한 화학 물질도 아닙니다. 늘 우리 가까이에 있는 생활용품입니다. 피부에 직접 닿기 때문에 더 철저하게 위험을 평가합니다. 맹목적 의심을 거두고 합리적 믿음을 가지는 것이 좋습니다.

성분표를 읽을 줄 알아야 할까?

우리나라에서 화장품 전 성분 표시제는 2008년부터 시행되었습니다. 이는 화장품에 들어 있는 모든 성분을 함량이 많은 것부터 차례로 표시하는 것입니다. 제조사가 의도적으로 넣은 모든 성분은 아무리 적은 함량이라도 반드시 표시하는 것이 의무입니다. (단, 함량이 1% 이하인 성분은 순서 없이 임의로 표시할 수 있습니다.)

이 제도가 실시된 이후 사람들이 화장품을 고르는 방식이 바뀌었습니다. 이전에는 주로 브랜드 인지도, 점도, 질감, 바른 후의 느낌, 향 등을 중심으로 골랐습니다. 성분표가 공개된 이후 사람들은 성분을 따지게 되었습니다.

그렇다면 좋은 화장품을 고르기 위해서 우리는 성분표를 읽을 줄 알아야 하는 걸까요? 성분표를 읽을 줄 알면 좋은 점이 많습니다. 가장 좋은 점은 광고의 주장을 검증할 수 있다는 것입니다. 예를 들어 광고에서 "피부 톤 개선에 탁월한 효과가 있다."라고 주장하면 과연 그런 역할을 하는 성분이 듬뿍 들어 있는지 성분표에서 확인해 볼 수 있습니다. 광고에서 "최고의 주름 개선 효과가 있다."라고 주장하면 과연 그 말이 맞는지 성분표를 통해 검증해 볼 수 있습니다. 어쩌면 주름 개선 성분은 그저 그렇고 주름을 일시적으로 보이지 않게 채워 주는 폴리머 성분이나 피막 형성제가 많이 들어 있는지도 모릅니다.

원하는 제품을 찾는 데에도 성분표가 도움이 됩니다. 예를 들어 피부 장벽을 튼튼하게 만드는 제품을 찾고 싶다면 성분표에서 세라마이드와 콜레스테롤, 지방산 성분이 최대한 앞쪽에 적혀 있는 제품을 찾으면 됩니다. 좋은 레티놀 제품을 찾고 싶다면 성분표에서 레티놀과 다른 항산화 성분의 구성이 좋은지 따져 볼 수 있습니다.

앞서 비누보다는 클렌징 바를 쓰는 것이 좋다고 말했는데, 성분표를 읽을 줄 알면 이 둘을 구분할 수 있습니다. 비누는 천연 오일과 가성 소다가 결합하여 만들어진 소듐염이 반드시 첫 줄에 나옵니다. 소듐팔메이트, 소듐탈로우에이트, 소듐올리베이트가 대표적입니다. 반면에 클렌징 바는 순한 합성 계면 활성제가 첫 줄에 나옵니다. 소듐이세티오네이트, 소듐라우로일이세티오네이트, 소듐코코일이세티오네이트 등이 대표적입니다.

하지만 꼭 성분표를 읽을 줄 알아야만 좋은 화장품을 고를 수 있는 것은 아닙니다. 좋은 화장품은 성분만으로 결정되지 않기 때문입니다. 화장품은 단순히 피부만을 위한 것만이 아닙니다. 점도, 질감, 향, 디자인, 색상 등에서 오는 정서적 만족감도 무시할 수 없습니다. 성분이 아무리 좋아도 사용감, 마무리감 등이 마음에 들지 않으면 만족을 느낄 수 없습니다.

그래서 저는 성분표에 갇히지 말고 적극적으로 발라 보고 고르라는 조언을 많이 합니다. 자신의 정서와 취향까지 만족시킬지 아닐지는 발라 보지 않고는 모르기 때문입니다. 특히 자외선 차단제, 파운데이션, 블러셔, 아이섀도 등은 발라 보지 않고서는 자신이 원하는 제품인지 절대로 알 수 없습니다. 이런 품목들은 '발림성', 피부 표현, 색감, 발색, 지속성 등이 중요한데 이런 속성은 성분표를 아무리 들여다보아도 알 수 없습니다.

또한 성분표에 너무 집착하면 오히려 잘못된 판단을 할 수도 있습니다. 시중에 떠도는 정보를 곧이곧대로 대입하다 보면 성분에 대한 오해를 키우고 화학 물질에 대한 편견을 잔뜩 갖게 되기 때문입니다. "파라벤이 알레르기를 유발한다.""PEG가 발암 가능성이 있다.""메칠이소치아졸리논이 폐 질환을 유발한다."이런 정보를 모아서 성분표에 대입하면 그때부터 화장품을 고르는 일은 지옥이 될 수 있습니다. 어느 화장품에나 이런 성분이 한두 개씩은 꼭 들어 있기 때문입니다. 이런 지옥에 빠지느니 차라리 성분표를 보지 않는 것이 낫습니다.

화장품은 소비자가 성분표를 일일이 들여다보며 나쁜 성분이 있나 없나 따져 봐야 할 정도로 위험한 물건이 아닙니다. 위험은 화장품법과 식약처, 화장품 회사들, 그리고 과학자들에 의해 잘 걸러지고 있습니다.

성분표는 화장품의 절대 진실을 품고 있는 것도 아니고 완벽하게 신뢰할 만한 정보도 아닙니다. 참고 자료 정도로 생각하는 것이 좋습니다.

화장품 이해에 필요한
다섯 가지 과학적 태도

지금까지 화장품에 대해 많은 이야기를 나누었습니다. 화장품에 얽힌 환상과 거짓말, 화학 물질에 대한 편견, 착한 화장품과 나쁜 화장품, 케모포비아 등등 어렵고 긴 이야기를 함께했습니다.

우리는 하루에도 수많은 화장품 정보를 접합니다. 대체로 그럴듯하게 포장돼 있어서 의심하고 검증하지 않으면 무엇이 진짜이고 무엇이 거짓인지 판단하기가 어렵습니다. 그래서 청소년기인 지금부터 열심히 정보를 판단하는 능력을 길렀으면 합니다. 화장품에 대해 환상을 불어넣는 정보, 안전에 대해 지나친 불신과 불안을 만들어 내는 정보를 늘 경계하기 바랍니다. 정보를 찾아 비교하고 검증하고 효과적으로 이용하는 능력, 즉 '정보 독해력'(information literacy)을 기르기 바랍니다.

정보 독해력을 기르는 데에 거창한 과학 지식이 필요한 것은 아닙니다. 그저 건강한 상식과 합리적 의심, 넓은 사고, 깊이 있는 탐구욕만 있으면 충분합니다. 저는 이것을 '과학적 태도'라고 부르고 싶습니다. 매사에 과학적 태도를 갖추는 것은 말로는 쉽지만 사실 매우 어려운 일입니다. 어른들도 바쁘게 생활하다 보면 주변의 정보에 쉽게 흔들리게 됩니다. 불량 정보는 바로 이런 순간을 파고듭니다. 그런 순간을 자꾸 허락하다 보면 자신도 모르게 불량 정보에 휘둘릴 수 있습니다.

그러므로 항상 깨어 있어야 합니다. 매사에 호기심을 갖고 정확히 알려고 노력해야 합니다. 전문가의 말에 너무 의존하지 말고 스스로 답을 구해야 합니다. 또한 자신의 생각에 오류가 있다면 기꺼이 인정하고 수정할 줄 알아야 합니다. 합리적이고 열린 자세야말로 과학적 태도의 핵심입니다.

정보 독해력과 과학적 태도를 위한 몇 가지 원칙을 정리해 보았습니다. 앞으로 펼쳐질 화장품을 향한 대탐험에 좋은 길잡이가 되기를 바랍니다.

1. 내 안의 편향을 버린다.

편향이란 한쪽으로 치우치는 것을 뜻합니다. 우리 안에는 평소 자신이 생각해 오던 것과 같은 주장은 믿으려 하고 그 반대의 주장은 믿지 않으려 하는 편향이 있습니다. 특히 위험을 주장하는 정보는 무조건 믿으려 하고, 안전과 안심을 주장하는 정보는 무조건 믿지 않으려 하는 편향도 있습니다.

불량 정보를 걸러 내기 위해서는 우선 우리 안의 편향을 인정하고 버리려고 노력해야 합니다. 위험을 주장하는 정보와 안전을 주장하는 정보 모두에 합리적 의심을 갖고 검증하려는 자세가 필요합니다. 또한 그렇게 하여 알게 된 결론이 평소 나의 생각과 다르더라도 기꺼이 인정하고 수용할 수 있어야 합니다.

2. 상식과 이성의 끈을 놓지 않는다.

반드시 과학 지식을 많이 알아야 불량 정보를 판별할 수 있는 것은 아닙니다. 우리가 불량 정보에 쉽게 당하는 이유는 대부분 상식과 이성을 사용하지 않아서입니다. 예를 들어 면봉에 미네랄오일을 묻혀 불을 붙이면 검은 연기가 나면서 불이 활활 탑니다. 불량 정보를 퍼뜨리는 사람들은 이것이 미네랄오일이 석유에서 나온 싸구려 성분이라는 증거라고 말합니다.

이런 말을 들었을 때 상식과 이성을 발휘하지 않으면 속아 넘어갈 확률이 높습니다. 실제로 많은 사람이 속았습니다. 불이 붙는다는 사실 때문에 미네랄오일이 나쁜 성분이라 생각하는 사람이 참 많았고 지금도 많이 있습니다.

미네랄오일에 왜 불이 붙을까요? 기름이니까 당연히 불이 붙습니다. 다른 기름도 면봉에 묻혀 불을 붙이면 다 붙습니다. 검은 연기는 왜 날까요? 이것은 산소 공급이 불충분하거나 온도가 낮을 때 나타나는 불완전 연소 현상일 뿐입니다. 다른 기름도 조건이 맞으면 똑같은 현상이 일어날 수 있습니다. 무엇보다 화장품은 얼굴에 바르는 것입니다. 불이 붙고 검은 연기가 나는 것과 얼굴에 바르는 것은 아무 관계가 없습니다.

이렇게 상식, 이성만 제대로 발휘해도 불량 정보의 대부분을 물리칠 수 있습니다.

3. 한 줄짜리 정보를 경계한다.

불량 정보는 대부분 한 줄짜리입니다. "파라벤은 에스트로겐 유사 효과를 일으켜서 유방암을 유발한다." "SLS는 눈에 접촉하면 안구 질환을 일으킨다." "캐나다 정부는 실리콘 오일을 금지했다." 등등 딱 한 줄로 끝납니다.

사람들은 이 한 줄의 정보에 쉽게 선동당합니다. 하지만 단 한 줄에 모든 진실을 담아내기는 어렵습니다. 진실은 언제나 길고 복잡하고 따분한 설명을 필요로 합니다. 한 줄짜리 정보는 퍼즐의 한 조각일 뿐입니다. 퍼즐 한 조각만으로는 전체 그림을 유추할 수 없으며 어느 위치에 놓아야 할지도 알 수 없습니다. 또한 그것이 잘못된 조각이라면 아무리 모아 봤자 제대로 된 그림이 나오지 않습니다.

과학은 절대로 한 줄로 정리되지 않습니다. 무엇이 위험하다, 안전하다 말할 때에도 한 줄로 단정하지 않고 조건과 한계에 대해 길게 설명할 것입니다. 신뢰가 가는 전문가가 확신에 차서 말한다 해도 지나치게 짧고 단정적인 정보는 그대로 받아들이지 말고 검증해 보는 것이 좋습니다.

4. 숫자 정보를 예민하게 해석한다.

정보를 볼 때 매우 예민하게 받아들여야 하는 것이 바로 숫자입니다. 숫자는 논리와 주장을 더욱 탄탄하게 뒷받침하는 데에 활용됩니다. 화장품의 경우 검출량, 배합 한도, 함량, 개선률 등이 그램당 무게나 퍼센티지 등으로 곧잘 제시됩니다.

그런데 숫자 데이터가 제시되면 우리는 그것에 주목하기보다는 내용 속에 버무려서 해석하는 경우가 많습니다. 예를 들어 뉴스 헤드라인에서 "화장품에서 안티몬 검출! 기준치에서 $4\mu g$ 초과!"라고 나오면 사람들은 $4\mu g$보다는 초과 검출되었다는 사실에 더 집중

합니다. 4μg이 얼마나 적은 양인지에 대해서는 잘 생각해 보지 않습니다.

또 뉴스에서 "A사가 개발한 신성분, 임상 시험에서 주름 개선률 48%!"라고 하면 48%가 어떻게 나온 수치인지 따져 보기보다는 그냥 그 신성분이 대단한 효과가 있나 보다 하고 생각하게 됩니다. 48%는 단지 이 성분이 효과가 있는 것 같다고 대답한 사람의 수를 백분율로 나타낸 것일 수도 있고, 혹은 아무것도 안 바른 맨얼굴 상태와 비교했을 때 주름의 수와 깊이를 계산하여 나온 수치일 수도 있습니다. 두 가지 모두 전혀 과학적이지 않습니다.

불량 정보는 우리가 숫자를 유심히 보지 않는 것을 이용해 장난을 많이 칩니다. 그래프를 동원하여 시각적으로 차이가 더 커 보이게 만들기도 합니다. 따라서 평소에 뉴스를 접할 때 늘 숫자와 단위에 대해 생각해 보는 훈련을 하는 것이 좋습니다.

통계 정보도 주의 깊게 읽어야 합니다. 통계는 집단의 현상을 수치화하는 작업입니다. 한국 여성의 화장품 소비 실태, 청소년의 색조 화장 이용률, 남성의 화장품 이용 실태 등을 조사하여 수치로 보여 줍니다. 통계는 사회 현상을 이해하는 데에 큰 도움이 되지만 때로는 잘못된 통계가 오해를 낳기도 합니다.

실제로 화장품 회사들이나 패션지들이 실시한 조사에서는 남성의 색조 화장품 이용률이나 여성의 화장품 의존도가 지나치게 높게 나타나는 경향이 있습니다. 또 천연 화장품 회사가 진행한 통계

에서는 한국인의 천연 화장품 선호도가 유난히 높게 나타나고, 약
국 화장품 회사가 진행한 통계에서는 약국 화장품 시장의 규모가
유난히 크게 측정됩니다. 이처럼 통계는 누가, 어떤 의도로 조사하
느냐에 따라 과장되거나 잘못된 결과를 만들어 낼 수 있습니다. 무
조건 믿지 말고 숨은 의도를 파악해 내려는 노력이 필요합니다.

5. 사례, 체험담을 경계한다.

불량 정보에는 흔히 사례와 체험담이 등장합니다. 어떤 사람이
미네랄오일이 든 화장품을 쓴 후 피부가 검어졌다더라, 어떤 사람
이 텔크가 든 베이비파우더를 오래 써서 자궁암에 걸렸다더라, 매
니큐어를 많이 바른 흑인 여성이 유방암에 걸렸다더라 등등의 이
야기가 돌아다닙니다.

불량 정보에 사례와 체험담이 자주 등장하는 이유는 그 힘이 막
강하기 때문입니다. 사람은 스토리에 약합니다. 불량 정보에 별로
반응하지 않는 사람도 누군가 어떤 일을 당했다는 체험담을 들으
면 놀라고 긴장합니다. 생생하고 구체적이기 때문에 그런 일이 자
신에게도 일어날까 봐 두려움을 느낍니다.

그러나 이런 경우일수록 한 발짝 떨어져서 생각해야 합니다. 피
부가 검어진 것이 정말로 미네랄오일 때문일까요? 피부가 검어지

는 데에는 여러 가지 이유가 있습니다. 자외선 노출이 많았을 수도 있고, 건강이 나빠져서일 수도 있고, 혹은 유전적인 이유로 나이가 들면서 나타나는 현상일 수도 있습니다. 그 많은 이유에 대해 생각해 보지 않고 무조건 미네랄오일 때문이라고 단정 짓는 것은 성급합니다.

소문 속의 그 흑인 여성이 정말로 매니큐어 때문에 유방암에 걸렸는지도 짚어 볼 필요가 있습니다. 실제로 흑인 여성은 다른 인종에 비해 매니큐어를 많이 바르며 유방암에도 더 많이 걸립니다. 그런데 한편으로는 백인 여성은 다른 인종보다 자궁암에 더 많이 걸립니다. 흑인 여성이 유방암에 걸리는 것이 매니큐어 때문이라면 백인 여성이 자궁암에 걸리는 것은 무엇 때문일까요? 이것도 화장품 때문일까요?

미 국립암연구소의 연구에 따르면 흑인 여성은 유방암, 직장암, 폐암, 자궁경부암에 더 많이 걸리고, 백인 여성은 자궁암, 피부암, 백혈병에 더 많이 걸립니다. 국립암연구소는 이것이 인종 고유의 차이에서 오는 것일 수도 있고 인종별 생활 방식의 차이에서 오는 것일 수도 있다고 말합니다. 중요한 것은 매니큐어와 유방암은 전혀 관련이 없다는 것입니다. 2018년 『호주피부학저널』에 실린 논문은 매니큐어에 대해 이런 결론을 냅니다. "매니큐어는 암과 관련이 없다. 하지만 매니큐어를 건조시키는 데 사용하는 램프가 피부암과 관련이 있을 수 있다."

체험담과 사례는 주관적 편향이 개입되기 때문에 믿을 만한 것이 못 됩니다. 어떤 사람이 갑자기 살이 찐 이유를 마시던 생수 브랜드를 바꿨기 때문이라고 주장한다고 그것을 그대로 믿어 줄 수는 없습니다. 갑자기 피부가 나빠진 것이 최근 구입한 화장품 때문이라고 주장한다고 그것을 그대로 믿을 수는 없습니다. 그것은 하나의 가능성일 뿐입니다. 다른 가능성도 수없이 많습니다.

불량 정보가 지금처럼 막강해진 것은 많은 사람이 쉽게 믿고 그로부터 헤어 나오지 못하기 때문입니다. 따라서 불량 정보에 저항하는 간단하면서도 가장 효과적인 방법은 바로 우리의 생각과 태도를 바꾸는 것입니다. 매사에 상식과 이성을 발휘하여 합리적으로 의심하고 검증하려는 태도, 과학 독해력, 정보 독해력을 기른다면 불량 정보는 저절로 힘을 잃어버릴 것입니다. 화장품 케모포비아도 힘을 잃어버릴 것입니다.

감사의 말

이 책이 나오기까지 도움을 주신 분들께 감사 인사를 드립니다.

먼저 감수를 맡아 주신 서강대학교의 이덕환 교수님께 깊이 감사드립니다. 선생님 덕분에 미처 발견하지 못했던 원고의 빈틈을 채울 수 있었습니다.

청소년의 화장품 문화에 대해 많은 이야기를 들려준 서울 경희여자고등학교 3학년 한리안 학생과, 원고가 방향을 잃을 때마다 중심을 잡아 준 출판사 창비의 김선아 편집자에게도 감사 인사를 전합니다.

마지막으로 책을 쓰는 내내 저에게 많은 영감을 주고 힘을 북돋아 준 남편 김수현에게 고마운 마음을 보냅니다.

창비청소년문고 34

화장품이 궁금한 너에게
10대부터 쌓는 건강한 화장품 지식

초판 1쇄 발행 • 2019년 5월 3일
초판 8쇄 발행 • 2023년 7월 12일

지은이 • 최지현
펴낸이 • 강일우
책임편집 • 김선아 이현선
조판 • 신혜원
펴낸곳 • (주)창비
등록 • 1986년 8월 5일 제85호
주소 • 10881 경기도 파주시 회동길 184
전화 • 031-955-3333
팩시밀리 • 영업 031-955-3399 편집 031-955-3400
홈페이지 • www.changbi.com
전자우편 • ya@changbi.com

ⓒ 최지현 2019
ISBN 978-89-364-5234-6 43590